爸比，今天吃什么

宝宝爱吃的100道蛋奶果蔬辅食餐

杨忠伟 陈开涌 杨惠贞 林志哲 著

海峡出版发行集团 | 福建科学技术出版社
THE STRAITS PUBLISHING & DISTRIBUTING GROUP | FUJIAN SCIENCE & TECHNOLOGY PUBLISHING HOUSE

著作权合同登记号：13-2017-022
原书名：《0~24 个月素食宝宝副食品营养全书》
原著者：杨忠伟　陈开涌　杨惠贞　林志哲

图书在版编目 (CIP) 数据

爸比，今天吃什么：宝宝爱吃的 100 道蛋奶果蔬辅食餐 / 杨忠伟等著 .—福州：福建科学技术出版社，2018.1
ISBN 978-7-5335-5447-7

Ⅰ . ①爸… Ⅱ . ①杨… Ⅲ . ①婴幼儿 – 食谱 Ⅳ . ① TS972.162

中国版本图书馆 CIP 数据核字（2017）第 247486 号

书　　名　爸比，今天吃什么——宝宝爱吃的100道蛋奶果蔬辅食餐
著　　者　杨忠伟　陈开涌　杨惠贞　林志哲
出版发行　海峡出版发行集团
　　　　　　福建科学技术出版社
社　　址　福州市东水路76号（邮编350001）
网　　址　www.fjstp.com
经　　销　福建新华发行（集团）有限责任公司
印　　刷　北京天恒嘉业印刷有限公司
开　　本　710毫米×1020毫米　1/16
印　　张　11.25
图　　文　180码
版　　次　2018年1月第1版
印　　次　2018年1月第1次印刷
书　　号　ISBN 978-7-5335-5447-7
定　　价　39.80元

推荐序 1

初为人父的金牌主厨，爱与喜悦的真心分享

高雄餐旅大学中餐·厨艺学院院长 杨昭景

晚上九点左右，我来到学生实习的餐厅，等待与学生碰面的时候，我通过摄影画面看到志哲蹲在地上处理鲜鱼……

志哲来跟我寒暄："明天桌数多，要先把材料处理好才来得及，稍后我还要去台北学蔬果雕……"

这个背影烙印在我脑海中，至今鲜明。

教书二十多年，教过的学子何止百千，但已经毕业十年的志哲一直是让我挂念和骄傲的学生。挂念着他在拼命三郎似的学习和工作中能否保持身体的健康？骄傲的是他对理想的坚持、投入和不断扩充学习领域后展现出的多元成就。

志哲对厨艺的热爱和学习的热忱，是每位接触过的师长都非常称许肯定的，更难得的是当多数人都还在学习一般的厨技时，志哲已经努力练习考取中餐的专业厨师乙级证照。而这只是一个起点，2002年，当国际厨艺比赛风潮尚未兴起之时，志哲已在高餐师长的指导下与世界专业厨师竞技，并赢得了世界金牌的荣耀。

志哲从学生时代就对自己的厨艺生涯有宏远的规划，加深拓宽自己在厨艺相关方面的能力，举凡蔬果雕刻、中西餐、烘焙、素食、摄影、文学等，都有深入的研究和专业的能力，所以在学校期间便开始成为美食杂志和书商邀约制作食谱的对象。毕业后除了专职做厨师外，他也常常利用时间回到高中母校协助学校的教学与书籍制作。如此不忘本的学生更是少数中的少数。

而今他从开口只会谈论菜色的男孩进阶成为满口爸爸经的父亲了！我内心就如自己的孩子成家立业般的开心，而这本婴幼儿辅食食谱相信定充满了志哲初为人父的爱与喜悦，通过他细心巧思的设计且考虑到一般父母简单快速的需求，相信这本食谱定能帮助新手父母们度过孩子的成长期。想给孩子们更多的爱与陪伴，就从阅读这本书开始吧！

推荐序 2

宝宝的第一餐，影响一辈子的食用书

长庚科技大学保健营养系教授 刘玲芳

在我们整个生命期中，有三个阶段是生长发育最快的——怀孕晚期、出生后的第一年及青春期。其中，出生后的第一年，即一般说的“婴儿期”，是生理、心理等层面变化最大的一个阶段，也是营养需求最多、影响日后饮食习惯及喜好的关键阶段。

在这个阶段中，随着宝宝的快速成长，饮食也由母乳或配方奶为主的形态，慢慢转变为与成人一样的饮食形态。在这转换之中，除了饮食营养的层面之外，也有着生理、心理、社会等层面的重要意义。此时，爸妈及照顾者扮演着重要的角色，其个人的饮食习惯与行为都将影响宝宝日后的饮食习惯与喜好。

随着饮食形态的多元化、对生活环境的关怀或个人的选择等，大家对饮食的选择也不再局限于传统的思维，“蔬食”“素食”渐渐成为另一种饮食形态的选择。食材的均衡、多元化及搭配得宜是构成饮食形态重要的元素。

市面上有关宝宝蔬果辅食的书籍与资料并不是很多，但这方面的知识却非常重要。这本宝宝辅食书由专业营养师设计、金牌厨师分享料理，兼具了理论与实务，并且特别重视食材的选择与搭配，使得宝宝不但吃得安心与卫生，还能获得均衡及足够的营养。

书中收集了许多爸妈对于蔬果辅食及日常生活照顾方面的疑惑，利用问答的形式来导入及剖析问题，让爸妈及照顾者在轻松中学习与执行，是一本极为“食用”与“实用”的参考资料。

制作宝宝辅食对本人而言，已是非常遥远的事，相较于二十几年前，现在可以选择的资讯繁多且发展迅速。我也着实乐见许多营养界新秀愿意将其累积多年的实务经验，通过发挥其专业与创意，与大家分享营养、饮食的正确概念。养成良好的饮食习惯与行为是一辈子的事，让我们大家一起为新生命的健康及生活的环境而努力。在此，本人给予本书真诚的推荐。

作者序

宝宝的健康成长，新手爸爸轻松做羹汤

宜兰武暖食肆店主厨 林志哲

回想起初为人父的那一刻——当护士从产房里抱了个小宝宝交放在我手上，内心百感交集竟顿时手足无措……

与许多新手父亲一样，我也是从宝宝出生后才惊觉到“我做爸爸了”！也才开始学习如何为人父。

由于工作的关系，我总是早出晚归，照顾孩子的重担就落在另一半身上，只有在难得的休假时才能稍稍帮孩子的妈一点点小忙，心想有什么是我擅长又能分担的工作呢？

我是个厨师，最熟悉不过的就是烹饪了，在宝宝还只能喝奶的时候，我已开始研究他即将开始接触的辅食，利用闲暇时间拜读无数相关的著作与专业报道。当宝宝可以食用乳品以外的食物时，我便尝试着做一些辅食，希望宝宝能从饮食中感受到父亲的爱，而且除了让自己的宝宝品尝以外，也分送给同时期有孩子的朋友们，从中也获得许多掌声，甚至连大人都觉得孩子吃的食物十分好吃呢！

由于我休假日不多，平日工作时间又长，如何能快速且方便制作，又能保存最多营养，是我做辅食最大的挑战。于是我从器皿、食材质地、料理手法等方面入手，研究出辅食制作的要诀，不但自己能在极短的时间中快速制作，平日里另一半也能依循这些要诀，轻松地为宝宝准备营养美味又有利成长的辅食。

这一次，有此善缘与专业营养师合作，写出这本以蛋奶果蔬为导向的婴幼儿成长食谱，希望让更多人看见辅食对宝宝成长的重要性，新手妈妈也可以安心且轻松制作，新手爸爸也能在尝试为宝宝做辅食的过程中得到难以言喻的快乐！

目录

基础篇 之一

关于辅食的基本问题

基础篇 之二

吃辅食，蛋奶果蔬就够了

准备篇

宝宝辅食怎么做、怎么吃

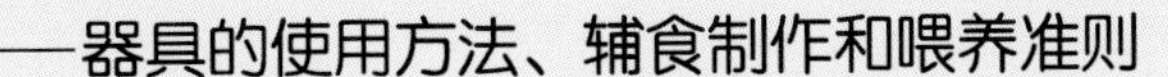
——器具的使用方法、辅食制作和喂养准则

应用篇 之一

我要的不多，简单就好
——4~6 个月宝宝这样吃最营养

蛋白质与淀粉餐

水果餐

应用篇 之二

我需要多一点、混合一点——7~9 个月宝宝这样吃最营养

营养高汤

米粥料理

营养蔬菜餐

营养蔬菜粥

最爱水果餐

营养小点心

应用篇 之三　我要的更多，为断奶做准备
——10~12 个月宝宝这样吃最营养

米粥料理

营养蔬菜餐

全蛋料理

最爱水果餐

营养小点心

应用篇 之四 培养正确饮食的关键期——1~2 岁宝宝这样吃最营养

美味酱料

主食料理

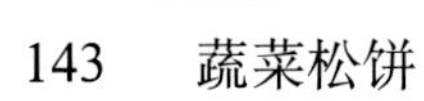

营养蔬菜餐

营养蛋料理

最爱水果餐

营养小点心

应用篇 之五 宝宝生病时的饮食照护

基础篇

之一

关于辅食的基本问题

历经生产的艰辛过程，宝宝终于平安来到世间。在大家的满心期待中、妈妈含辛茹苦的照料下，宝宝也在最优质的食物——母乳的喂养之下，努力长大。但是，随着宝宝一天天的茁壮成长，在长到4～6个月的时候，单靠母乳喂养已无法满足身体的需要，此时，就应该为宝宝准备辅食了。

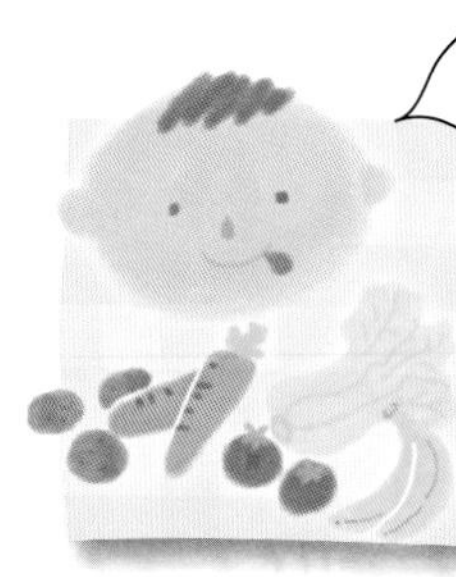

爸妈第1问

什么是“辅食”？补充辅食真的有这么重要吗

母乳或配方奶外添加的食物

辅食是为了与婴幼儿主食区分而产生的名词。

一般而言，辅食是指在母乳或配方奶以外添加的食物。虽然说添加辅食也是为断奶做准备，但宝宝在吃辅食时并非就完全停掉了奶类，断奶其实是一种过渡阶段，随着宝宝的成长，他们喝奶的频率及总量本就会逐渐减少，而辅食则会逐渐增加，通过这样的慢慢转换过渡，最后宝宝就可以断奶，完全转换到和成人一样的饮食。因此，也有些人将辅食称为“断奶食品”。

宝宝的营养均衡需要多样化的辅食。宝宝的辅食分为奶制品、主食类、肉蛋水产豆制品和蔬果类等。本书主要以蔬果类辅食为主，但父母在日常生活中给宝宝准备的辅食一定要搭配几个大类的食物，才能保证宝宝的营养补充更全面。

辅食的5个重要功能

辅食之于宝宝，扮演着相当重要的角色，除了能提供足够的营养，还具有增加宝宝抵抗力以及为断奶做准备等作用。总体而言，辅食具有以下重要功能。

功能1 为宝宝更充分地提供生长发育各阶段所需的热量和营养

当宝宝成长到4个月大时，就该开始喂食辅食了，这样才能补充母乳和配方奶所缺乏的营养，如铁、锌和铜等微量元素。有了这些必要的营养，宝宝的语言能力、身体平衡、牙齿骨骼、脑部发育等才能得到健全发展。

各种豆类和深绿色蔬菜皆富含铁。

不要因为担心宝宝吃得满脸、全身都是，就将辅食放在奶瓶中让宝宝吸吮。

功能 2 增加宝宝的抵抗力

均衡摄取各种营养能帮助宝宝有效对抗病菌，减少生病概率。如：多吃蔬果，可增加维生素 C 的摄取量，能预防感冒，有助伤口愈合；维生素 A 则能保护黏膜，增进抵抗力；铁会让宝宝脸色红润、不贫血。

功能 3 为宝宝断奶做准备

宝宝在 4 个月之前，胃肠功能还很脆弱，主食应当是母乳和婴儿配方奶。从 4~6 个月起，就可以开始喂食辅食了，爸妈可通过渐进的方式，让宝宝慢慢习惯固体食物，同时训练宝宝的胃肠逐渐接受成人的食物形态和口味。

功能 4 训练宝宝的口腔、脸颊肌肉，提升咀嚼、吞咽与语言能力

通过渐进式的辅食添加，让宝宝慢慢习惯咀嚼，除了可以开始学习成人的饮食方式，也锻炼到了宝宝口腔、脸颊等部位的肌肉，进而提升了将来咀嚼、吞咽与语言等能力。

所以爸妈千万记得，不要因贪图方便、迅速或担心宝宝吃到满脸、全身、一屋子脏乱，就将辅食放在奶瓶中让宝宝吸吮，最好能以汤匙喂食，以免宝宝日后对咀嚼、吞咽产生排斥心理。

功能 5 尝试各种口味，避免日后产生偏食情况

宝宝要有完整且均衡的营养，就必须对各种口味的食物都不排斥。因此，在添加辅食时，爸妈应当慢慢地加入各种口味的食物，让宝宝逐渐且自然地接受，避免宝宝长大后因偏食导致营养摄取有所偏颇。

渐进式的辅食喂养，可以训练宝宝的口腔、脸颊等部位的肌肉。

爸妈第7问

何时是添加辅食的最佳时机

世界卫生组织和联合国儿童基金会联合制定的《全球婴幼儿喂食策略》中提到："支持纯母乳喂养4个月，之后适时并正确安全地给予辅食，持续哺乳至2岁以上。"

美国儿科医学会建议纯母乳喂养，之后适当添加辅食，可以持续哺乳到1~2岁或者以上。国内专家也建议母乳或配方奶喂养4个月或6个月之后，再开始添加辅食。

从生理学的观点来看，胰腺是负责消化的重要器官之一，婴儿出生至4~6个月大时，胰腺才会发育成熟，之后才能消化吸收含有较多淀粉、蛋白质、脂肪的食物。所以辅食添加应该在4个月或6个月之后为宜。

但究竟是4个月就应喂辅食，还是要等到6个月再开始？若以纯母乳喂养，则添加的时间不宜超过6个月，因为超过6个月之后还继续纯母乳喂养的宝宝，如果没有适量辅食补充，就会有营养不良的危险。

当宝宝成长到1岁以后，可依据母亲和宝宝的意愿与需要来决定是否继续喂养母乳。

判定开始添加辅食的最佳时机，可依据以下几个表现：

1. 当宝宝每日摄取的奶量超过1000ml的时候。
2. 体重是出生时的两倍重。
3. 看大人吃东西时表现出很有兴趣，而且想要伸手来抓，抓了后会放进嘴里。
4. 颈部能够挺直，可以维持坐姿，不会因头部支撑不住而晃动。
5. 当大人使用汤匙喂食时，宝宝的舌头不会一直将食物顶出。

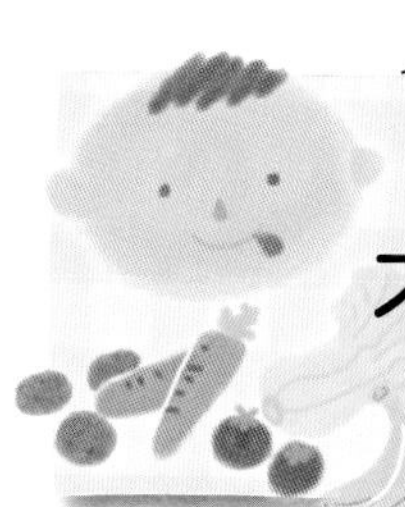

不同月龄的宝宝，辅食要如何变化

根据目前已有的实证研究，并参考具体情况，爸妈在婴儿喂养中添加辅食时需要注意以下几点。

0~3 岁宝宝脑部成长超快速

宝宝在一天天长大，身长、体重和头围也都在改变中，大脑、消化系统和肌肉功能，都有快速发展。一般来说，4~6 个月的宝宝，肠道消化以及吸收蛋白质、脂肪和碳水化合物的能力正快速发展，肾功能也比较健全。加上宝宝睡眠时间逐渐减少，活动量跟着增加，只喝母乳或配方奶粉已经不足以应付生长发育所需的每日热量。更有些宝宝会在这时进入所谓的“厌奶期”，出现喝奶量减少或是不肯喝奶的现象，此时就需要提供辅食，以免宝宝营养不良。

而且宝宝出生 8 个月后，脑重量会增加至出生时的 3 倍，到 3 岁时会再增 3 倍，5 岁时就约是成人的 90% 了。从腹中胎儿到满 3 岁时，宝宝的脑部发育特别快，所以这时候要非常注意营养均衡，并适当地提供富含二十二碳六烯酸（DHA）及二十碳五烯酸（EPA）的食物。

4~6 个月是辅食的适应期

宝宝在 4~6 个月时，处于辅食的适应期，喂养的重点是引导宝宝愿意吃。曾有研究发现，太晚给宝宝喂辅食反而会增加过敏的可能性，所以，无论如何，最迟在宝宝 6 个月时，就要开始添加辅食。

7~9 个月是辅食的训练期

7~12 个月是宝宝辅食的训练期，要让宝宝尝试更多不同种类的食物，避免日后偏食。此时，辅食可提供宝宝每日 1/3 的热量。

不同月龄，辅食的建议标准

不同月龄的宝宝因为身体各方面生理功能的成长不同，辅食的形态、种类、喂食方式和分量也都不一样。关于宝宝辅食的增加与变化，爸妈可以将下面的表格作为参考。

不同月龄阶段，宝宝的辅食建议

月龄	4~6 个月	7~9 个月	10~12 个月	1 岁以上
母乳或配方奶	5 次	4 次	1~3 次	
辅食质地	液状 稀泥状	泥状 舌头可压碎的硬度	半固体 牙龈可压碎的硬度	宝宝好吞咽即可
喂食次数	每日 1 次	每日 2 次	每日 3 次	
五谷根茎类	婴儿米粉、麦粉用开水调成糊状 由 1 汤匙慢慢增加至 4 汤匙	米粉或麦粉 稀饭、面条或面线、吐司面包、馒头 任选： 2.5~4 份 1 份 =稀饭、面条、面线 1/2 碗 =吐司 1 片 =馒头 1/3 个 =米粉、麦粉 4 汤匙	米粉或麦粉 稀饭、面条或面线、吐司面包、馒头、米饭 任选： 4~6 份 1 份 =稀饭、面条、面线 1/2 碗 =吐司 1 片 =馒头 1/3 个 =米粉、麦粉 4 汤匙 =米饭 1/4 碗	各种饮食应均衡摄取

月龄	4~6 个月	7~9 个月	10~12 个月	1 岁以上
水果类	将汁挤出，加等量开水稀释 由 1 汤匙开始慢慢增加，最多加至 2 汤匙	水果用汤匙刮成泥状 由 1 汤匙慢慢增加至 2 汤匙	果汁或果泥 2~4 汤匙	三餐与大人同吃，早上 10 点、下午 3 点或睡前可给主食、水果或牛奶等点心
蔬菜类		将绿色蔬菜、土豆或胡萝卜等煮熟捣成泥状 由 1 汤匙慢慢增加至 2 汤匙	切碎、煮烂 2~4 汤匙	
豆蛋类		蛋黄泥 （每日最多 1 个） 豆腐、豆浆 任选：1~1.5 份 1 份 = 蛋黄泥 2 个 = 豆腐 1 个四方块 = 豆浆 240ml	蒸全蛋 豆腐、豆浆 任选：1.5~2 份	

第一次准备给宝宝喂辅食时的注意事项：

- 第一次 1 汤匙就好，并且边吃边观察。
- 宝宝若不喜欢，要找出原因，并加以改善。
- 宝宝的心情与吃辅食的进度都会慢慢地发展，爸爸妈妈千万不能操之过急！

基础篇 之二

吃辅食，蛋奶果蔬就够了

每个人长大后的饮食喜好及饮食选择，绝大部分是从幼年时期开始承袭自亲人或主要照顾者的饮食习惯。

因此，对于爸妈来说，为心爱的宝宝准备成长所需的辅食，自然会期望能够以安全且营养为优选。蛋奶果蔬能完整无虞地为成长中的宝宝提供所需要的营养！

宝宝的辅食，只吃蛋奶果蔬行不行

一般而言，宝宝从出生迈向1岁时，除了身长、体重和头围的改变，大脑、消化系统和肌肉功能都快速发展，需要的营养及热量也随着月龄而有所增加，必须通过饮食获取所需营养。

掌握好原则，辅食健康吃

对于婴幼儿来说，蛋奶果蔬是最安全的辅食选择。有人会觉得，如果不吃肉，会不会缺乏营养，其实只要能掌握均衡饮食的方法，注意到一些原则，各种营养是不会缺失的。

注意维生素 B_{12}、Omega-3 脂肪酸的摄取，因为 Omega-3 是帮助脑部发育的重要物质，维生素 B_{12} 能维护神经组织的构造和功能。婴儿脑部及神经系统发育迅速，这两类营养素摄取一定要充足。

同时也要注意铁等营养成分的摄取。因为铁不但可以帮助造血，还能维护脑神经系统的发育与功能，缺铁不利婴幼儿的脑部发育。

掌握了饮食调配原则，并依据各成长阶段的建议量及饮食指南作为最佳参考的依据，就能为不断成长发育的小宝宝提供正确的辅食了。

留意宝宝成长与吃东西的情况

此外，要留意的是——如果宝宝体重停滞，或是吃的情况愈来愈差时，就应求助于医师和营养师，并遵循其专业的建议。

婴儿期各阶段的营养需求

年龄	身高(cm)		体重(kg)		热量	蛋白质
	男	女	男	女		
0~6个月	61	60	6	6	100kcal/kg	2.3g/kg
7~12个月	72	70	9	8	90kcal/kg	2.1g/kg

* 每100ml的母乳约提供75kcal热量；每100ml的配方奶可提供67kcal热量。
* 3kg的新生儿需要母乳400ml，配方奶448ml。

注：1kcal=4.184J。

爸妈第5问

成长中的宝宝要如何补充所需的营养素

从宝宝需要开始添加辅食来补充母乳或配方奶所不足的营养开始，如果想以蛋奶果蔬来喂食，以下是对宝宝成长较为重要的营养素，需要爸妈特别注意。

蛋白质

对于宝宝来说，想要从蛋奶果蔬中获取蛋白质，可选择豆类及其制品、淀粉类、坚果类、面筋类制品、蛋类、奶类及其制品。

早期的研究认为，豆类蛋白质中的氨基酸比例属于“不完整氨基酸”，容易造成蛋白质利用时的缺失。但近年的研究却发现，豆类蛋白质利用性不但在人体生长和组织修复方面有着极为重要的作用，对于肾脏的负担更远小于动物性蛋白质的伤害。所以，蛋奶果蔬不但能为宝宝提供完整且优质的营养，还能减少对宝宝器官的负担与伤害。

只不过要特别提醒的是：面筋类制品的蛋白质品质较差，不建议单独喂给幼儿。

建议食物来源：豆腐、蒸蛋、毛豆泥、豆浆等。

蛋白质摄取量

	热量	蛋白质
3kg 的新生儿	3×100 ＝ 300kcal	3×2.3g ＝ 6.9g
4 个月大 6kg 的宝宝	6×100 ＝ 600kcal	6×2.3g ＝ 13.8g
12 个月大 9kg 的宝宝	9×90 ＝ 810kcal	9×2.1g ＝ 18.9g

松子

优质脂肪

宝宝的脑细胞有 50%~60% 为脂肪，适量摄取优质脂肪有助于脑部细胞的发育。

坚果、核果类是优质的脂肪来源。需要注意的是，花生、松子、杏仁等核果类属高度变应原，在第一次提供此类的某一食材时，喂食量应从 1 汤匙开始，并且要小心观察宝宝的生理反应，若宝宝没有发生过敏反应，第 2 日再慢慢增加喂食量，并继续小心观察宝宝有无过敏反应。

亚麻子

建议食物来源：南瓜子、核桃、松子和亚麻子等。

菠菜

铁

宝宝在 4~6 个月后，由于生长快速，血流量增加，原本储存的铁已经不能满足生长发育需要。当宝宝缺铁时，就会出现疲倦、嗜睡、食欲降低、生长迟缓、认知力降低等症状。

由于宝宝在此时对于铁的需求量大，因此建议宝宝自 6 个月大时，可以加入蛋黄、菠菜或毛豆等铁丰富的食物。

米精

一般来说，植物性的铁在体内吸收率本就不太高，但植物性的食物中同样也含有促进铁吸收的成分，如维生素 C 及其他有机酸等，可适度地增加身体对于铁的吸收量。所以建议此时的辅食除了要补给富含铁的食物，也一定要搭配适量富含维生素 C 的鲜果汁。

芝麻

建议食物来源：蛋黄、菠菜、毛豆、米粉、米精、无糖芝麻糊等。

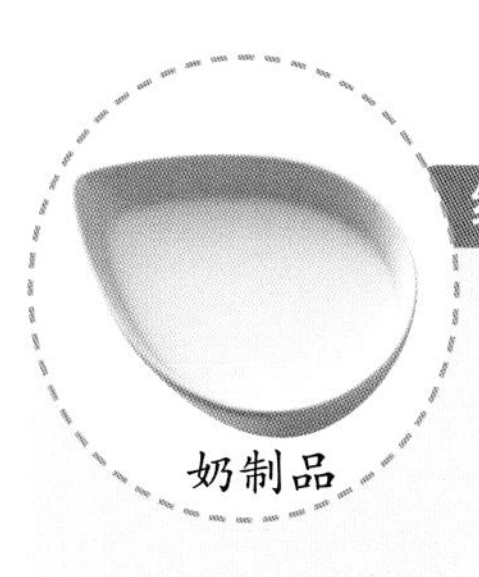
奶制品

维生素 B_{12}

维生素 B_{12} 主要存在于动物性食物中，虽然蛋类及乳制品亦属于动物性食品，但所含有的维生素 B_{12} 是非常少的。而且维生素 B_{12} 是造血不可或缺的一种营养素，因此，若无法在辅食中获得足够量的维生素 B_{12}，宝宝就可能会出现贫血的问题。为了确保宝宝不至于发生维生素 B_{12} 缺乏的问题，可延长母乳喂养时间或额外补充维生素 B_{12}。

建议食物来源：蛋类、奶类及其制品等。

番茄

维生素 D

维生素 D 和幼儿骨骼发育有关，若维生素 D 缺乏，会造成软骨症。适当的日晒可使人体自行产生足够量的维生素 D，因此建议母乳喂养的妈妈应每日多接受日晒，以确保母乳中可提供足够量的维生素 D。

建议食物来源：胡萝卜、菠菜、番茄、蛋黄等。

海藻

钙

钙是骨骼与牙齿发育不可或缺的营养素，亦能帮助神经传导，稳定情绪。因此，建议在宝宝辅食里加入深绿色蔬菜、豆类等。

豆制品

建议食物来源：海苔海藻类、豆制品、深绿色蔬菜、黑芝麻、黄豆等。

准备篇

宝宝辅食怎么做、怎么吃

——器具的使用方法、辅食制作和喂养准则

给宝宝做辅食之前，当然要把一些制作辅食的工具准备好，这样不但做起来顺手又方便，宝宝也可以安全无虞地享用营养又美味的辅食。

为了引起宝宝对食物的兴趣，爸爸妈妈通常会帮宝宝准备各种色彩鲜艳又可爱的餐具，辅食器具与餐具的安全性也是爸妈们需要重视的事，这可是让宝宝吃出身体健康、头脑聪明的第一步。

爸妈第6问

制作辅食和保存器具，如何才能安全无毒

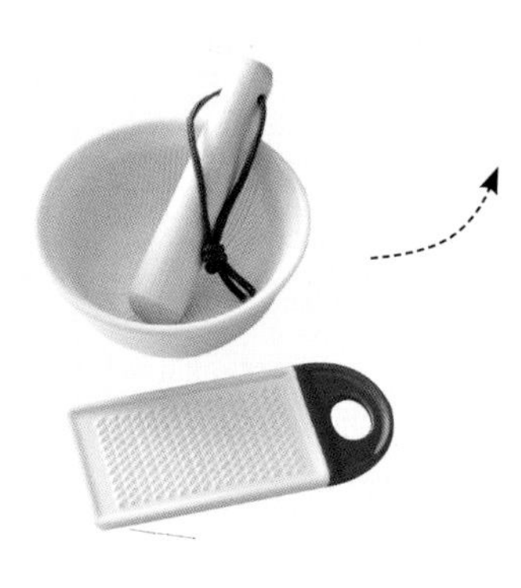

多功能食物研磨（泥）器 依据宝宝断奶阶段的需要设计，它可以将苹果等食物磨成泥，这样细碎的质地才能符合宝宝饮食需求。对于新手爸妈来说，操作既简单又容易上手。目前市面上所出售的产品多采用无毒塑胶材质制造。

另外，厨房中的各种磨泥器也都适用，如土豆压泥器。

榨汁器 是一种很简单可以立即手动榨出果汁的工具。

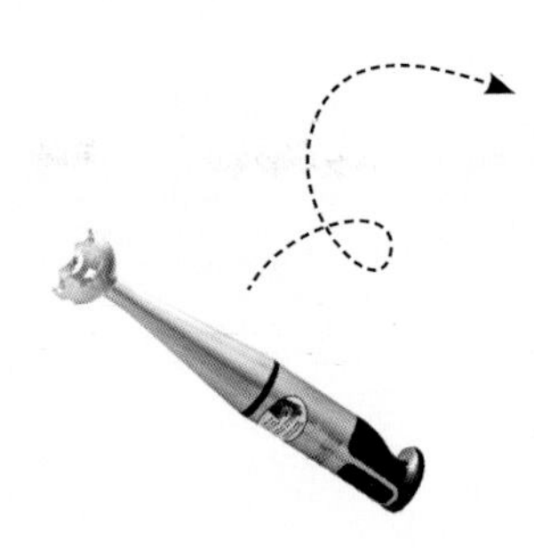

果汁机＆电动搅拌棒 可依家中宝宝月龄需求，制成符合宝宝需求的饮食质地，是一种方便实用的工具。它们都是将食材搅拌成泥状、末状的好帮手。

选购时，以容易清洗、刀片耐热和使用安全为选择的考量。

磅秤 是用于称量宝宝食物分量的工具，建议以“电子秤”为宜。

量杯 量杯材质可分为玻璃、不锈钢等，本书中所使用的量杯容量约为240ml，通常可用来装牛奶、豆浆等液体，方便操作。

量秤换算表

- **1杯** =240ml
- **1汤匙** =3 茶匙 =15g（也有的会将汤匙标示成大匙、茶匙标示成小匙）
- **1kg**=1000g

量匙 适用于量取分量较少的粉状或液态食材，主要是因用磅秤较不易量取。依照大小，大部分为 4 支大小不同的量匙为一组——1 大匙（15g）、1 小匙（5g）、1/2 小匙（2.5g）、1/4 小匙（1.25g）。

滤网 建议最好同时准备粗孔及细孔两种，并且要注意网筛的材质是否耐酸、耐热。

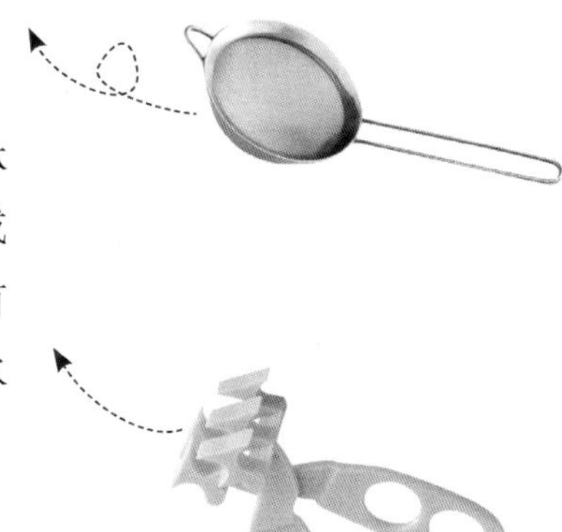

食物剪 是宝宝 11 个月以上开始适应固体食物时的好工具。建议使用不锈钢的剪刀，或者耐热且质量过关的安全剪刀，这样才不会有塑化剂等问题，也才可以将整把剪刀丢入沸水消毒。

平底锅 以不粘锅并附盖子为选购标准。平底锅不仅可用来做菜，还可以来制作点心，像松饼、可丽饼等都需要平底锅才能做出来。

单柄小锅 快煮快热，是煮粥、煮汤、煮面和烫青菜的好帮手。

电饭锅或电锅 属家庭常备品，可全家共用，不需特别再为宝宝准备一个。可烹煮主食或蒸煮其他食材至熟透或软烂。

玻璃保鲜盒或不锈钢保存盒 附密封盖，可放入冷冻室保存，取出后可在室温解冻后再加热。

制冰盒、保鲜袋 方便分装粥品、高汤，除了选择需要的容量之外，封盖、防漏，以及材质也都要列入考量。

保温食品罐 可保温辅食数小时，方便外出时使用。

温馨小提醒

- 保存辅食的容器，建议选择玻璃或不锈钢制品，如此可以免去塑化剂等对宝宝身体健康的危害，也方便在制作时放入锅中或烤箱加热时使用。

爸妈第7问

如何选购安全无毒的辅食餐具

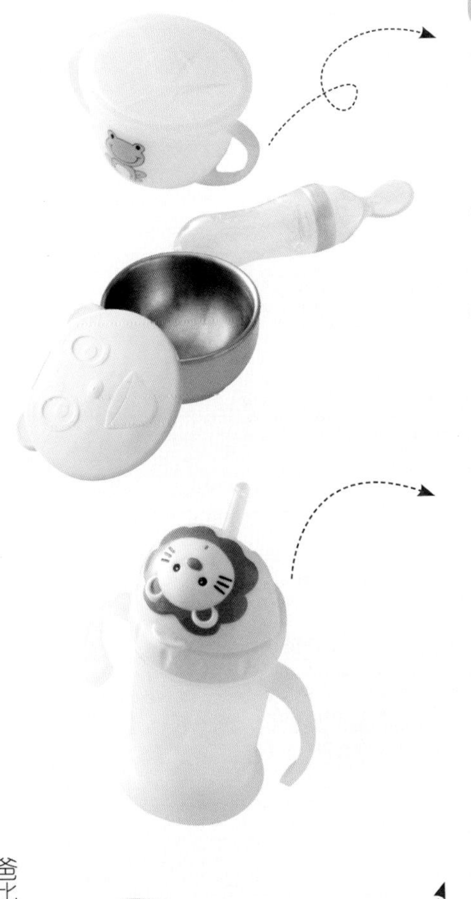

餐具选购的共同原则

- **餐具颜色**——以白色或素色、浅色为佳。不但可以更彰显食物的原色，同时能避免餐具的色彩被释出而使宝宝的食物受到污染。
- **餐具制造材质**——挑选具有标明耐热温度，并且耐摔、防滑，且一定无毒的材质。
- **餐具大小**——宝宝嘴巴大小能入口，以及小手握力能抓握的为宜。

杯子

1 岁前的宝宝，可选购搭配吸管的杯子；1 岁后开始训练宝宝喝水，此时要选择宝宝拿取没有困难，杯口大、杯身浅、把手为双耳的杯子，材质则以无毒耐用的不锈钢杯为最好。

安全叉子

可以帮助训练宝宝吃饭。选购时注意把柄的宽度与长度，并且注意锐利端需要圆弧设计以免戳伤宝宝。

安全汤匙

汤匙前端应是圆头的安全设计，把柄宽度是宝宝可以一手掌握的，且汤匙口径大小也是以宝宝能一口吞下为原则。

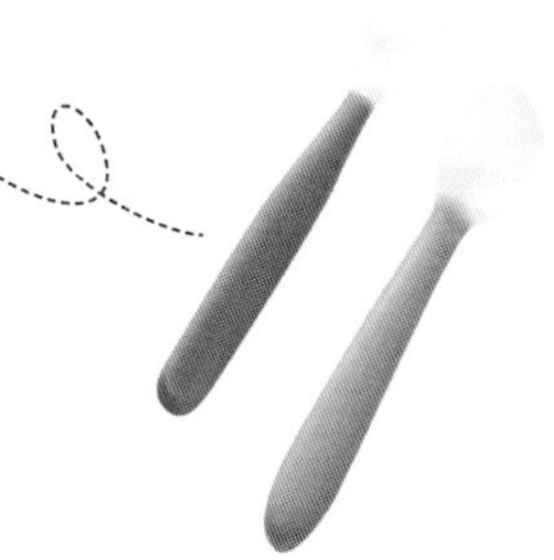

餐盘和碗

最初给宝宝喂辅食时，只要考虑到方便即可。但是，当宝宝到了7个月，要开始训练自行用餐时，餐碗的选购就要以宝宝为考虑对象，建议选择有碗耳的，若是耐摔且塑胶防滑就更为适合了。

围兜

许多立体口袋围兜，软中带硬，又有防水功能，清洗和外出携带都很方便，是宝宝用餐时防护衣物的好帮手。

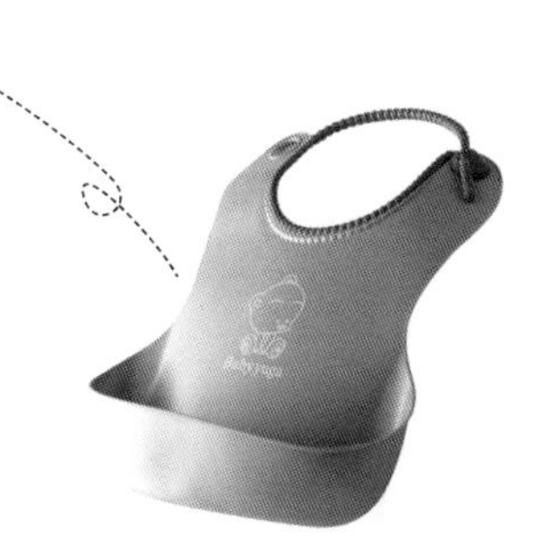

餐椅

餐椅可以训练宝宝定时、定点的用餐习惯，选购时，注意大小是否宝宝适坐，是否有安全带，是否容易倾倒……这些安全性问题一定要考量清楚。

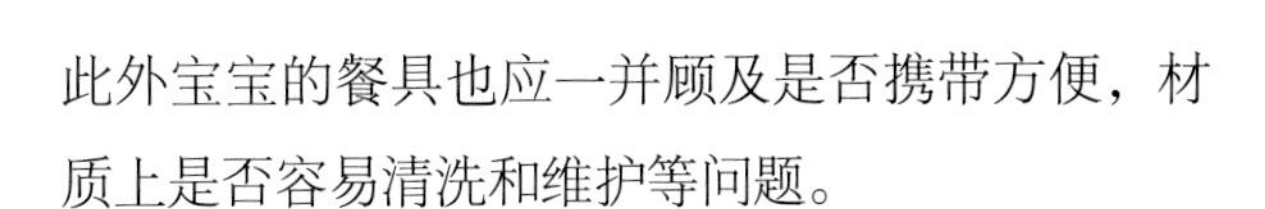

此外宝宝的餐具也应一并顾及是否携带方便，材质上是否容易清洗和维护等问题。

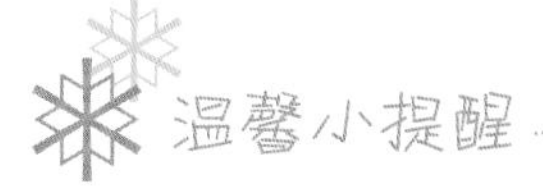

温馨小提醒

- 宝宝最好有专属的餐具与用具，避免与成人混用。
- 使用前后都要用热水消毒，并用天然无毒的清洁剂清洗。
- 辅食制作、保存和餐具的消毒方法，一般可以采取煮沸或蒸汽消毒。“煮沸消毒法”就是将待消毒的物品浸没在水中，从水沸腾开始计算时间，一般约续煮10分钟即可杀菌。

辅食的食材准备及料理的原则是什么

现代的爸爸妈妈，往往既要忙工作又要照顾家庭，即使如此，对于宝宝的每一餐，还是建议亲手料理，如此才能让宝宝吃到新鲜、安全又健康的食物。在准备及制作的过程中，应掌握以下原则。

选择当季、当地的天然食材

可减少化学农药和肥料残留的毒害问题。而且料理前，不管是料理工具、双手，还是食材都要确保干净和卫生。

天然原味，不添加调味料

拒绝任何如盐、糖、酱油、味精等调味料，以免造成宝宝日后偏食，甚至影响身体健康。

不同的成长阶段，辅食质地也要适时转换。

温度要适当，种类宜多样

加热后的食物必须放温后才可以给宝宝食用，避免伤害宝宝细嫩的口腔以及胃肠道黏膜。而且，烹调后的食物，不要在室温下放置过久，以免食物变质。至于加热的工具，最好能用锅具，不建议使用微波炉，因为微波食物不利于人体吸收与利用。

此外，在种类的选择上应多样化，才能让宝宝均衡地接触各种食物。

浓稠度要刚好，注意质地的变换

制作完成的辅食要避免过干或太黏稠，因为会让吞咽功能尚不完全的宝宝呛到或噎到。

同时依据宝宝的成长阶段，辅食的质地也应有所转换—— 4~6 个月时，可以开始慢慢加入无硬块、糊状，并且摇动时呈现液态会流动的食物；7~9 个月时，可以吃泥末状的食物；10~12 个月的宝宝就可以吃丁状或小颗粒状的辅食了。

爸妈第9问

准备辅食时，分量要如何拿捏？如何保存辅食

现煮现食，是爸妈在为宝宝准备辅食时最希望做到的。的确，能够当餐现煮现食，宝宝所摄取到的自然也是最新鲜的。只不过，现今父母大都是职场、家庭两头忙，要做到餐餐现煮现食，几乎是不可能的。而且，由于宝宝每一餐的辅食分量都极小，除了果汁、蛋品等必须现煮现食或因料理快速而无须预先储存，大部分的辅食其实可以一次准备数日至一周的量，然后再依据该时段合适的餐点内容，将预先储备好的辅食来做组合搭配，这样就能达到口味的变化与营养的均衡，因此，如何制作与保存这些食物就很重要！

〔生鲜食材的保存〕

室温保存法

未完全成熟的香蕉、木瓜、猕猴桃等水果，以及胡萝卜、土豆和红薯等根茎类蔬果，一定要放在室内阴凉处保存。使用前再切割成适当分量，未使用完毕的部分则用保鲜盒移入冰箱冷藏。

未成熟的水果和根茎类蔬果需放在阴凉处保存。

冷藏室保鲜法则

基于卫生安全考量，冰箱内容物以 8 分满为限，确保冷度的维持。

没有清洗的蔬菜用白纸（不用报纸，避免铅污染）包好放入冰箱下层。并且，生食一定要放在熟食的下方，以免蔬果灰尘污染到熟食。

最佳食用期限

豆腐和豆芽菜约 3 日；蔬菜类约 4 日；水果和切开后的根茎类蔬菜约 1 周。

〔辅食制作与熟食保存〕

将做好的辅食先分装、冷冻好，每日再取出适用的分量，转交给保姆或爷爷奶奶。

宝宝专用的砧板与刀具

要为宝宝准备一份专用的砧板和刀具，而且生食、熟食要分开处理。

一次多份的处理方式

一次处理一定的分量，若当时就要喂食，就可先取出宝宝当餐食用量后，其余分装放入冷冻保存；若非当时喂食，可于食物完全降温后再一份份分装完成，最后放入冰箱冷冻保存，待下次喂食前取出一份回温加热。

这个方式很适合仍在职场的爸妈，只要利用假日或空闲时将宝宝的辅食准备好且分装好，就可拿取每日搭配好的辅食，转交给照顾宝宝的保姆或爷爷奶奶，他们只需将食物回温，就能让宝宝享用到爸妈的爱。

和全家人的日常食物一起制作

喂食宝宝的辅食与全家人吃的食物，其实并无太大差别，只是要将食物料理得更加软烂熟透，以符合宝宝可以接受的软硬度。因此，宝宝的辅食可以和全家人的日常食物一起制作，同样从清洗食材开始，然后切割，再蒸或煮，最后取出要给宝宝的分量，剁碎或磨泥后喂给宝宝食用。

宝宝的辅食可与全家人吃的食物一起蒸、煮，再取出需用的分量，磨泥后喂给宝宝吃。

熟食要先放凉才能分装保存

若辅食属于加热料理的熟食，在制作完成后，应等食物放凉后，再用保鲜的餐具分装，并确认密封后，放入冰箱冷藏或冷冻保存，以免交互污染及冰箱异味的产生。

保存前要先贴上标签

每个需保存的食品都应贴上制作日期与品名，这样才能有效管理食物的保质期限。

最佳食用期限

熟食冷藏保存不宜超过 48 小时。若以冷冻方式虽可保存 1 周以上，但仍不建议存放太久，食物应及早食用完毕为宜。

冷冻库保鲜法则

有些食材或食物，能以冷冻方式来保存，如米糊、粥品和高汤……等温度冷却后，可用制冰盒或密封袋来分装保存，日后再依宝宝每次食用量来运用，如 200ml、50ml 和 30ml 等。

食物解冻有方法

食物经过冷冻储存后，不容易保存新鲜与原味，所以切记不要反复解冻，并且选择正确的解冻方法，如室温解冻、流水解冻或加热解冻，使食物恢复到应有的温度。

保存前应贴上制作日期和品名。

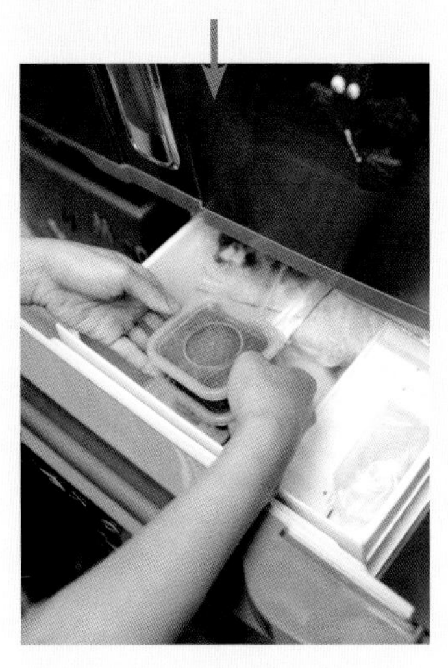

可冷冻保存的食物用微型密封盒等器具来分装保存。

食用时取出适当的分量解冻加热。

爸妈第10问

喂辅食要注意哪些事项

第1次喂食，只喂一种食物

除了哺乳或喂食配方奶，爸妈开始要给宝宝提供辅食时，建议每次只喂一种食物，而且要从少量开始喂食，浓度也应由稀慢慢变浓。

每次喂食新食物时，要注意宝宝的生理反应

初始阶段，虽然每餐只提供给宝宝一种食物，但爸妈也要牢记：在宝宝接触新食物的时候，注意观察他生理上有无异样，如粪便及皮肤有无改变，有无腹泻、呕吐、皮肤出现块状红疹等状况。

每次只喂单一食物，浓度也要慢慢由稀变浓。

宝宝适应单一辅食后，再慢慢增加食物种类

最初的辅食混合搭配要单纯，可以先从两种混搭来开始变化，如A+B、B+C、A+C……

3~5日内，若宝宝对于混搭的新食物没有生理上的异常反应，就可以再增加一种新的食物。若是出现腹泻、呕吐或皮肤红疹等症状，要马上停止该食物的喂食，并且立即带宝宝去看医生。

不要一次喂食过量的辅食

虽然辅食可以补充婴儿乳品的不足，并为宝宝开始进入成人饮食方式做准备，但就算宝宝生理没有任何不适，胃口又超级好，爸妈也不宜一次喂食给宝宝过量的辅食，仍应以每日的建议摄取量为喂食的标准。

每餐都要给宝宝至少一种高营养密度的食材

所谓的“营养密度”，是指营养成分与热量的比值。

在营养密度的公式中，以蛋白质、膳食纤维、钙、铁、镁、钾、锌、维生素C、维生素B_1、维生素B_2、维生素B_6、维生素B_{12}、维生素A及泛酸、叶酸等营养素做评比。

简单地说，营养密度是指食物在相同的热量下，所含各种营养素的种类与含量的多寡。

能够提供丰富的营养素，而相对热量却低的食物，就属于高营养密度的食物。在所有食物类别中，以蔬菜类、水果类的营养密度最高，而在所有蔬果类的食物中，又以下列食物的营养密度最高。

- 豆芽：植物的种子储存了足以孕育一株新生命的丰富营养，当种子开始萌芽，这些生长所需的营养便会被释放利用。
- 杏仁：富含单元不饱和脂肪，能够帮助身体吸收有益的营养，并且在头脑功能、增强体力等方面扮演重要的角色。
- 西蓝花：富含维生素C、维生素A、铁、叶酸、钾、锰、维生素K、钙等营养物质，具有维持骨骼及牙齿健康、加强免疫系统、维持心脏健康等作用。
- 莓类果实：蓝莓、黑莓、樱桃、草莓、覆盆子、枸杞子等，都是生活中常见的莓类果实。莓类果实主要由水及纤维组成，是人体摄取抗氧化素的良好来源，具有低热量、低糖分的特性。
- 卷心菜 / 甘蓝菜：属十字花科，富含许多抗氧化的营养成分。
- 猕猴桃：是维生素C的最佳摄取来源，同时含有大量纤维及钾。

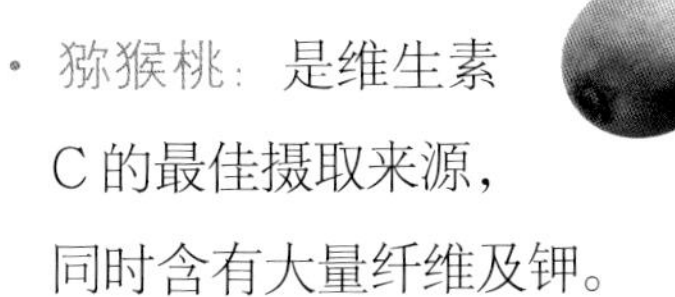

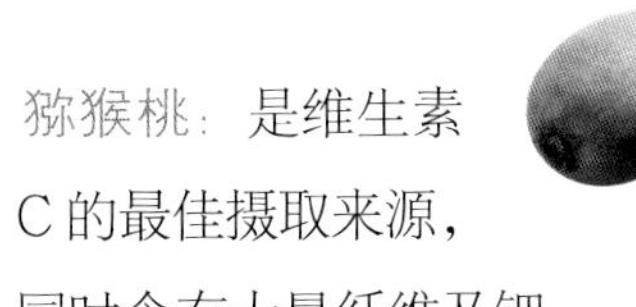

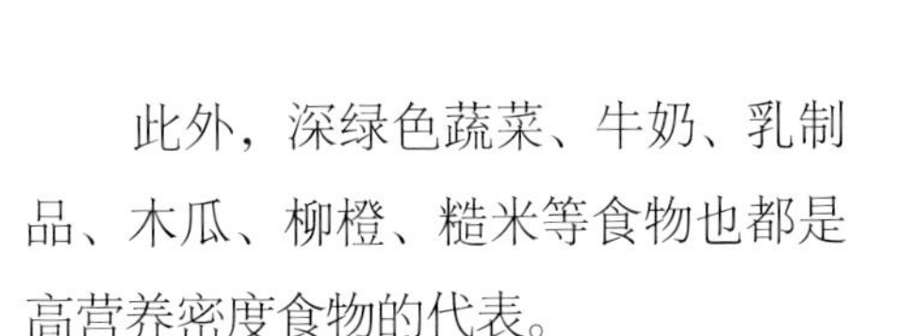

此外，深绿色蔬菜、牛奶、乳制品、木瓜、柳橙、糙米等食物也都是高营养密度食物的代表。

应用篇

之一

我要的不多，简单就好

—— 4~6 个月宝宝这样吃最营养

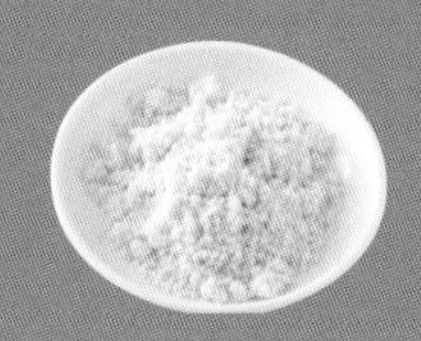

4~6 个月的宝宝，消化系统已经可以慢慢消化稀泥状的淀粉类食物，再加上母乳所含的营养素已经渐渐不能满足身体发育所需，尤其是铁和钙，所以一定要补充辅食。

要记住的是，这时期的宝宝仍然是以喝母乳或配方奶为主，每日的喂食次数可以调整为 5 次，每 4~5 个小时喂一次，每次的喂食量为 170~200ml。

适合4~6个月宝宝的辅食种类有哪些

这个月龄是宝宝接触非母乳或配方奶的开始。第一次喂辅食的时间，建议选在喂完第一次奶之后，再喂以液体或是稀泥般的食物。米糊不容易引发过敏现象，可以作为首选，而且此时宝宝体内储存的铁已快用完了，而米糊富含铁，所以是非常适合的。

到了这个月龄，宝宝的舌头从原本只能上下移动已慢慢发展到可前后卷动。因此，爸妈可以每天尝试一次用小汤匙喂食容易吞咽的粥汁或稀释果汁，让宝宝练习与适应吸食小汤匙上的汁液，感受奶类以外的味道。

在喂辅食的同时，要记得观察宝宝的反应，千万不要操之过急，否则容易适得其反。

适合这个月龄的宝宝辅食以富含淀粉质的米汤、米糊、麦粉、南瓜泥，以及含有丰富维生素、矿物质的水果泥为主。至于其他富含纤维与多种营养物质的蔬菜及容易造成过敏的蛋白质食物（如蛋品、豆类），则不宜在这个阶段喂给宝宝食用。

全谷类的米糊、麦糊与米汤

婴幼儿的第一道辅食，以米糊、麦糊和米汤为最优选，一方面可以避免过敏问题，另一方面则更符合我们的饮食习惯。麦糊里的麸质容易让宝宝产生过敏，所以应先以米汤或米精调成的糊状喂食。宜选择添加强化铁剂的米精，但每日的喂食量最好不要超过1/3碗（等于2汤匙），等一段时间，如果宝宝反应都很好，再慢慢添加其他五谷根茎类的食物。

至于米汤，也就是俗称的“十倍粥”，可用糙米取代白米。

米糊是让宝宝吃辅食的好开始。

水果类

由于水果的属性各不相同，尽量选择温性以及平性的水果来喂食宝宝，刚开始不要喂食太多种类，建议以苹果、香蕉或梨为第一顺序。另外，大部分的瓜类水果和容易引发过敏反应的猕猴桃、芒果、草莓等都不建议在这个时候添加。

· 苹果：富含果胶、维生素C、维生素E和β胡萝卜素，苹果更是天然的整肠药，能够强健孩子肠胃功能。

· 香蕉：可以帮助宝宝提高免疫力，改善体质，帮助排泄，改善情绪。香蕉口感软嫩，非常适合宝宝食用。

· 梨：含有大量果糖，可迅速被人体吸收，还含有多种维生素和钾、钙等，钾可以维持人体细胞与组织的正常功能，维生素C可以保护细胞，增强白细胞活性，有利于铁吸收。

开始提供水果作为辅食时，应先将水果做成果汁，再以1:1比例加冷开水稀释，待宝宝适应一段时间后，再慢慢减少水的比例。

淀粉类鲜蔬

富含淀粉类的蔬食食材，以根茎类为主，如南瓜、红薯、胡萝卜等。

· 南瓜：含有蛋白质、糖类、铁、膳食纤维、类胡萝卜素、钙、钾、维生素A、B族维生素、磷、铬等，可提高身体免疫力。其中的膳食纤维能帮助排便，类胡萝卜素能维持正常视觉和促进骨骼发育。

· 红薯：含蛋白质、糖类、膳食纤维、类胡萝卜素、维生素A、B族维生素、维生素C、钙、磷、铜、钾等营养素。它还富含膳食纤维，可增加饱腹感。

· 土豆：土豆因含丰富的维生素C与钾，在欧洲被称为“大地的苹果”。除了维生素C和钾之外，它还含有蛋白质、糖类、维生素B_1、钙、铁、锌、镁等营养素。每100g土豆中，含淀粉15~25g，蛋白质2~3g，脂肪0.7g，纤维素0.15g，维生素C15~40mg，钾502mg。

4~6 个月宝宝需要的营养素、辅食顺序及形式

<table>
<tr><th colspan="3">项目</th><th>4 个月</th><th>5 个月</th><th>6 个月</th></tr>
<tr><td colspan="3">建议母乳或配方奶的喂食次数</td><td colspan="3">5 次</td></tr>
<tr><td colspan="3">建议每日母乳或配方奶的喂食分量</td><td colspan="3">170~210ml</td></tr>
<tr><th>六大类食物</th><th>辅食喂食顺序</th><th>可提供营养素</th><th colspan="3">辅食的形式</th></tr>
<tr><td>全谷类和富含淀粉质的根茎蔬菜</td><td>1</td><td>糖类、蛋白质、维生素 B_1、维生素 B_2（未精致的谷类中含量较多）</td><td colspan="3">· 建议先喂食米汤、米糊（可选择添加强化铁的米糊）
· 麦糊（宜选择无变应原的）
· 可添加南瓜或红薯泥等淀粉类根茎蔬食
分量： 4 汤匙</td></tr>
<tr><td>水果类</td><td>2</td><td>维生素 A、维生素 C、水分、膳食纤维</td><td colspan="3">· 自制果汁或果泥（建议要稀释）
· 尽量选择带皮的水果，如苹果、香蕉
分量： 每次 1~2 汤匙</td></tr>
</table>

- 宝宝如果厌奶严重，影响生长发育，造成生长迟缓，必须就医找出原因，而非提早吃辅食。因为宝宝胰腺功能要到 4~6 个月才会发育完成，太早吃辅食，只会增加肠胃负担，无法消化。近年来也有研究发现，过早给予宝宝辅食，会增加过敏和日后肥胖的概率。

爸妈第12问

4~6 个月宝宝的辅食应如何喂

- 不要让宝宝躺着或坐太直，如果抱着喂，妈妈的手臂要撑着宝宝的后背。
- 用汤匙前方挖一点点食物，稍稍靠在宝宝嘴唇上，等小嘴巴张开后再把食物送进去，不要强制把汤匙塞进宝宝的嘴巴里。
- 当宝宝嘴巴打开时，舌头几乎呈现水平，再将辅食喂进嘴里，当宝宝嘴巴合上后因为有点倾斜，食物自然就会往喉咙移动。
- 辅食的喂食要采取渐进式，浓度从稀到稠，软硬度也应由软渐硬，让宝宝慢慢适应辅食的口感。
- 辅食的种类要从单样食物开始，千万不可一开始就尝试多种食物混合。每次一种新食物应持续喂食3~5日，等适应后再换另一种食物。
- 辅食从少量开始试吃（1小汤匙），若宝宝出现腹泻、消化不良或拒食的状况，就要减少辅食的量甚至暂时停止喂食，直到宝宝恢复正常之后，再开始慢慢少量喂食。
- 每尝试一种新食物都要注意宝宝的粪便及皮肤状况，若3~5日没有腹泻、呕吐或皮肤潮红、发疹等不良反应，才可以换另一种新食物。
- 宝宝若是经由医师确定为过敏体质，那么喂辅食的时间可延后，但最迟

等宝宝的嘴巴张开再把食物送进去。

也要在6个月大就开始喂食。

- 食材选择本地当季的新鲜食材；盛装的器皿也要避免用塑胶类的制品；喂食要将食物装在碗、盘、杯子内，然后以汤匙一小口一小口地喂食，让宝宝习惯使用餐具。

要将食物装在碗、盘、杯子内，再用汤匙一小口一小口地喂食。

宝宝的水分补充

- 水分可以帮助消化，运送养分，调节体温，促进肠道蠕动，防止便秘，排出废物并有润滑的作用。
- 如果是单纯母乳喂养的宝宝，从出生到4个月内，基本上不需要再额外补充水分，最多是餐与餐之间给予少量的温开水即可。3个月左右的婴儿每日需要量为140~160ml；6个月左右婴儿每日需要量为130~155ml；9个月左右的婴儿每日需要量为125~145ml。
- 喝配方奶的宝宝一定要补充水分，因为配方奶中的蛋白质及矿物质的含量较多，而过多的营养成分，宝宝无法吸收，会借由肾脏排出体外，因此喝配方奶的宝宝需要充足的水分来帮助肾脏代谢多余的营养成分。
- 1岁以前的宝宝不可以喝蜂蜜水，因为蜂蜜内含有肉毒杆菌孢子，宝宝的消化功能尚未发育成熟，无法杀灭肉毒杆菌孢子，会引发过敏或中毒。

4~6 个月宝宝的辅食喂食分量与时间应如何安排

这时期的宝宝才刚要开始接触辅食，一日之中建议安排 1~2 次辅食，而且最好在午餐和晚餐之前的点心时间，让宝宝摄取更多营养，同时也能训练宝宝的咀嚼与吞咽能力。

喂食的分量如下。

米糊、麦糊及其他淀粉质：刚开始每日 1 汤匙（15ml），慢慢增加到每日 4 汤匙。

水果泥：一日一次，每次 2 汤匙。

宝宝若是在习惯辅食后，食欲会变得很旺盛，可以再增加早点的喂食时间。不过爸妈要切记，养成定时给宝宝喂辅食的好习惯，也趁此机会让宝宝适应稳定的生活规律。

4 ~ 6 个月宝宝一日喂食分量与时间表

	六大类食物	全谷类和根茎类蔬菜	水果类	奶类
	辅食质地	煮成糊状	捣成泥或榨汁	
	营养密度食物（高）	米糊、红薯、南瓜、麦糊	苹果、香蕉、葡萄	
	营养密度食物（低）	面糊、面线、乌龙面、婴儿米沙	沙梨、水蜜桃	
	喂食量	4 汤匙	1~2 汤匙	
4~6个月菜单范例	早餐 07：00			170~210ml
	早点 10：00	米糊 2 汤匙	苹果汁 1 汤匙	
	午餐 12：00			170~210ml
	午点 15：00	米糊 2 汤匙	苹果汁 1 汤匙	
	晚餐 18：00			170~210ml
	晚点 21：00			170~210ml

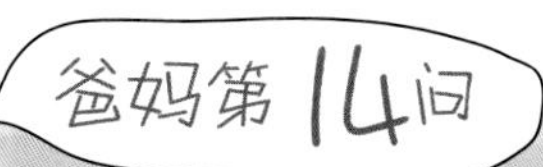

4~6 个月宝宝的辅食应如何料理

- 原味最好——料理 4~6 个月宝宝的辅食时，切记不可添加任何调料，除了可让宝宝品尝食物的原汁原味外，最主要的是避免了增加宝宝肝脏与肾脏的负担！

- 适合即做即食的辅食——米粉或麦粉可直接加水调成泥糊状，新鲜水果可制作成果汁或果泥，方便少量取用，适合即做即食。

- 果汁、果泥的制作也可量大些来处理——新鲜水果制作成果汁或果泥，若只切取极少量的果肉而剩余的大部分果肉时间一久易氧化变质，所以爸妈也可以一次制作数次的分量（以不超过 4 次的量为限），将当次取用后，分装保存。再次取用时，一定要回到室温后，再加入标准比例的水调匀后，才能拿来喂给宝宝吃。

- 食物研磨器与手持式的食物搅拌机都是处理水果的好帮手——新鲜水果制成果汁或果泥，若是即做即食的少量制作，食物研磨器是相当好的帮手；若是还有要做分装保存的数次分量，手持式的食物搅拌机倒是不错的选择！

- 需加热煮熟的全谷类与淀粉质辅食要留意处理时的温度——适合该月龄阶段的淀粉类辅食，可一次做多一点的分量，待降温后，取用该次的分量，剩余的可分装密封好，收入冰箱冷藏或冷冻，待下次要取用时，先取出回温后，再适当加热，即可喂给宝宝吃。

即冲即食米糊与麦糊

最简易方便的辅食

材料

市售冲泡式米精（麦精）1大匙、热开水2大匙

做法

1. 取适量米精或麦精，置于碗内。

2. 加入适量热开水调成糊状。米精与热开水的比例为1：2，需注意，水温不同，加入的水量也不同，温度越高则加入的水量要越多。

厨师爸爸的温馨小提醒

- 初次使用，请使用原味的米（麦）精。
- 也可以将米精加入婴儿配方奶中，泡奶的水量不变，一开始以半匙米粉配3匙奶粉的比例，再逐渐增加到1匙米粉配3匙奶粉。（以配方奶中所附赠的汤匙来做比例调配。）

米汤（俗称“米油”“十倍粥”）

宝宝的第一道辅食

材料

白米（或米饭）1/2量米杯、水5量米杯

白米煮米汤

传统的米汤这样煮

做法

1. 白米洗净，泡水20~30分钟，白米与水的比例是1∶10。

2. 将装有浸泡好的白米与水的锅移至炉上，先用大火煮沸。

3. 再改小火煮到软，需40~50分钟，熄火。
4. 待凉后，粥汁会再变浓稠。

打碎的白米煮米汤 超省力的米汤方便煮

做法

1. 白米洗净，用水浸泡20~30分钟，白米与水的比例是1：1。
2. 将浸泡好的白米与水倒入果汁机或搅拌机中打碎，还会有些细许微颗粒的感觉。
3. 将打碎后的白米与水倒入锅中，再加入9倍的水（如果当时是半杯白米、半杯水去打碎，这时要再加4杯半的水），移至炉上。
4. 先用大火煮沸，再改小火煮到软，需6~8分钟，熄火。
5. 待凉后，粥汁会再变浓稠。

米饭煮米汤 聪明爸妈的速煮法

做法

1. 将1/2量米杯饭与1/2量米杯水倒入果汁机中打成泥糊状。
2. 将米饭糊倒入锅中，再加入4杯半的水。
3. 先用大火煮沸后，再改小火煮到软，需3~4分钟，熄火。
4. 待凉后，粥汁会再变浓稠。

厨师爸爸的温馨小提醒

- 用米饭煮米汤的方式较为快速，而且煮一锅米饭，不仅只制作粥品，剩余部分家人可当一般正餐食用，省时又不浪费。
- 制作“十倍粥”时，可以选择糙米。糙米营养价值高于精致的白米，但比白米容易产生过敏现象，所以更要留心宝宝是否有过敏反应。可考虑将糙米与白米混搭，减少过敏因子的同时也提高了营养，只不过仍需留意宝宝的生理反应。

南瓜、红薯或土豆泥

宝宝与蔬菜的第一次接触

材料

南瓜（或红薯、土豆）100g（切块约1量米杯）

做法

1. 将南瓜或红薯、土豆削去外皮后，冲洗干净。
2. 用刀将它们切小块，放入电锅（也可用蒸锅、电饭锅代替）蒸至熟软，再用滤网或压泥器压成泥状，也可用搅拌棒趁热直接搅打至泥状。
3. 分装好后移入冰箱冷冻。

- 这3种蔬菜很适合一次多做一些，分装存放。除了可以加水或奶品稀释后单纯喂食，也很适合在宝宝更大一点时加入其他蔬果来增加风味与营养。

红薯奶糊

4 餐量

开始增加宝宝辅食风味

材料

红薯泥 3/4 杯、
牛奶 1/4 杯

做法

1. 将红薯泥和牛奶一起用搅拌棒打成泥糊状。
2. 再入锅以隔水加热的方式（或用电锅）蒸煮至滚热。
3. 待凉，取该餐的分量喂食，其余的分装冷冻保存。

厨师爸爸的温馨小提醒

- 可用南瓜或土豆代替红薯。
- 分装冷冻保存后，待下次要食用时，蒸热即可。
- 也可用小煮锅，加半杯水用小火加热，边煮边搅拌，直到恢复原来的浓稠度即可。

蛋白质与淀粉餐

自制面茶汤

8 餐量

安心方便的"古早"好滋味

材料

低筋面粉 50g、白糖 20g、熟花生 7g、熟白芝麻 5g

做法

1. 将面粉置于耐烤的容器中，放入已预热至180℃的烤箱内烤 6~8 分钟，或倒入干净的锅中干炒，见面粉变成黄褐色，熄火，取出。

2. 待烤好或炒好的面粉放凉后，再将全部材料放入果汁机或搅拌机中打成粉状，就是面茶粉。
3. 要喂食时，将面茶与热开水以 1∶3 的比例进行冲泡，调匀即可。

营养师的温馨小提醒

- 宝宝也是会挑嘴的，这时候面茶就是最好的替代品了。
- 这道面茶也可添加些配方奶，增加口味上的变化，有助于刺激宝宝的食欲。

水果餐

香蕉泥

2 餐量

从液体慢慢到稀糊的辅食，可从水果开始

材料

熟软的香蕉 30g、冷开水 25ml

做法

1. 香蕉剥去外皮，用磨泥板磨成泥，再加冷开水稀释即可。

2. 或香蕉切块后放入塑料袋中，以圆棍挤压成泥糊状，再加冷开水稀释即可。

营养师的温馨小提醒

- 香蕉越熟软越好，尤其是表皮出现斑点的香蕉，其所含的免疫活性也更高。
- 与苹果比较，香蕉比它多 4 倍蛋白质、2 倍碳水化合物、3 倍磷、5 倍维生素 A 和铁、3 倍其他维生素和矿物质，是相当有益的水果。

沙梨泥

富含营养的水分

材料

沙梨 30g、冷开水 30ml

做法

1. 沙梨洗净，去籽，切成小块，放入搅拌杯中。

2. 加入冷开水（沙梨块与冷开水的比例约为4：1）用搅拌棒打成泥糊状。

厨师爸爸的温馨小提醒

- 沙梨富含水分，带皮一同搅打成泥，可以让宝宝吃进最完整的营养。

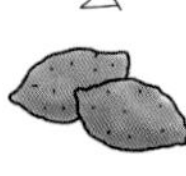

水果餐

苹果泥

4 餐量

帮助宝宝肠胃蠕动

材料

苹果100g、冷开水50ml

做法

1. 苹果洗净，去皮，去籽，切块，放入搅拌杯中。

2. 加入冷开水，二者比例约为4∶1，用搅拌棒打成泥糊状即可。

厨师爸爸的温馨小提醒

- 做这道辅食时，先确认一下苹果的外皮，若外皮有上蜡，则应去皮后再料理。
- 对刚开始吃水果的宝宝来说，可提高水的比例，让宝宝从苹果汁开始爱上苹果。

葡萄汁

4 餐量

铁多多的优质水果

材料

葡萄约 80g、冷开水 40ml

做法

1. 葡萄洗净，去蒂头，对半切开后再去籽。

2. 加入冷开水，用搅拌棒打成浓稠泥糊状。

厨师爸爸的

温馨小提醒

- 葡萄应用剪刀剪成一颗颗后，再用水洗净。若用手拔成一颗颗，葡萄蒂处会有缺口，冲洗时，反而会让外皮上的泥污又被冲入葡萄果肉中。
- 清洗葡萄前最好先将它浸泡 5 分钟以上，这样一来，表皮的泥污更容易去除。

番石榴泥

维C多多的优质水果

材料

番石榴120g、冷开水60ml
（比例约为2：1）

做法

1. 番石榴用汤匙挖籽。

2. 将去籽的番石榴切片。

3. 番石榴片和冷开水用搅拌棒打成糊状即可。

营养师的温馨小提醒

- 番石榴富含维生素C，可在宝宝餐后适量喂食，让铁和钙更容易被吸收。
- 尽量挑选柔软的番石榴，其口感上更为绵密、香甜，比较适合制作泥糊。

应用篇之二

我需要多一点、混合一点
——7~9 个月宝宝这样吃最营养

7~9 个月的宝宝，已迈入另一个快速成长阶段，对蛋白质和热量的需求增高，对钙及铁的需求量也持续增加。另外，此时宝宝的肠胃发展也趋于健全，所以能够消化分解较复杂的营养素，或是多种食物混合的食物泥。

这时期的宝宝最让父母热切期待的就是——开始长牙！大人们每天抱着兴奋的心情，看着宝宝的长牙进度。除了长牙，宝宝的上下颚与咽喉部位也逐渐发育完全，因此在兴奋之余，父母应该要试着引导小宝宝学习以汤匙摄取糊状食物，慢慢训练宝宝的吞咽与咀嚼的运动神经，促进唾液分泌，让宝宝的消化与吸收变得更好。

爸妈第15问

7~9个月宝宝的生理成长概况如何

在乳品与最初的辅食的营养照护下，这个时期，宝宝开始长乳牙了，宝宝的身高、体重与肢体动作相较于前一阶段也都有所成长。

宝宝的身高、体重又增加了

这个阶段的宝宝生长快速，在体重方面：男宝宝的体重大约是8.2kg，女宝宝大约是7.7kg，并且每周以50~100g的速度在增加。在身高方面：男宝宝的身长大约是69cm，女宝宝大约是67cm，并且每个月以1.25cm的速度在增长。

宝宝的手越来越有力了，已经可以自己拿着切片的水果或饼干。

宝宝的牙齿长出来了

这个阶段的宝宝已经开始长出下面的乳牙，这个时期也正是宝宝学习咀嚼的敏感期，同时也开始学习用舌头搅拌食物，对饮食也越来越有自己的喜好。

宝宝的手开始抓握了

这时期的宝宝手部也越来越有力，已经可以用手拿取食物了，所以爸妈可以试着让宝宝自己拿着切片的水果或饼干食用。但切记，务必先将宝宝的双手洗干净。

爸妈第16问

适合7~9个月宝宝的辅食有哪些

看到并且体会到小宝宝在这个阶段的快速成长，爸妈们应该会意识到单纯靠母乳或婴儿配方奶所含的营养成分已经不能满足宝宝的生长需求，特别是铁、钙、蛋白质和维生素等营养素都需要通过辅食来加强补充。而且这个阶段的宝宝消化系统日渐成熟，可以开始消化固体食物，所以为宝宝提供的辅食要在种类上有所增加，质地方面也要再浓稠些。

开始添加蛋白质的食物

豆腐、蛋黄都适合作为宝宝这个时期的辅食。

尤其要特别提醒的是，蛋黄是宝宝在这个阶段的新尝试。可以将熟蛋黄泥喂给宝宝吃，刚开始的喂食量为每日0.5~1汤匙，且要留意观察宝宝没有出现过敏等不良现象，确认没有问题后才可以慢慢增加蛋黄的喂食分量。

切记，这时期不能提供蛋白！因为蛋白容易造成过敏，建议10个月后再添加较为恰当。

可以开始给宝宝吃蛋黄了，但是还不可以吃蛋白哟。

开始增加蔬果的种类，并且要多变化

除了前一阶段的淀粉质类的蔬菜与温性、平性的水果，这时期的蔬果种类可以更多样，增加宝宝维生素与矿物质的摄取。

要留意的是，纤维较粗的蔬果，像竹笋、牛蒡、空心菜梗之类的蔬菜不适合在这时期提供给宝宝食用。

纤维较粗的菜梗要摘除，不能喂给宝宝吃。

含在口中会慢慢软化、糊化的吐司，可切成条状，方便宝宝拿着吃。

开始从汤汁、糊状慢慢变至泥状或固体

虽然宝宝刚开始长乳牙，喂给宝宝吃的辅食也不宜因为太担心而一味给予流质或过于稀糊的食物，反而应慢慢收浓食物的水分，以泥状或略具固体的稠糊，使宝宝有机会让刚长出来的乳牙得到适当的咀嚼训练，同时也让舌头与肠胃得到训练。像粥、面条、吐司、面包或馒头一类的食物方便咀嚼，含在口中也会慢慢软化、糊化，它们都是适合喂给宝宝的好辅食。至于蔬果类的食物，在料理时，应先煮烂打成泥状或切碎后才可以喂给宝宝吃。

蔬果煮熟后，要先打成泥。

开始提供多种食物混合的辅食

这个阶段与前一时期另一个不同就是，可以同时将不同的食物混合，变成综合性的食物糊。宝宝食用后，不但可以一口吃下多种营养，而且口味上也能有多种变化。食物的味道是帮助宝宝品尝世界的第一步，因此这个阶段不妨提供更多口味的食物让宝宝尝试，或是改变料理方法，同样的东西做法不同，味道和口感也会不一样，爸妈可以多在食物上创新制作方法，让宝宝的感官借着饮食而成长。只不过，爸妈千万要注意，每一种食物在喂给宝宝吃之前都需要单独吃过，确认没有引发过敏问题才可继续！

可以开始将不同的食物混合在一道辅食中。

营养师的温馨小提醒

- 不爱吃某种食物，可能是不习惯，不妨把食物煮软一点，或与米粥一起熬煮。
- 食物材料可以有多种色彩的丰富组合，宝宝会更爱吃。
- 可开始尝试吃全熟的蛋黄，但此时期蛋白暂不提供，以免宝宝过敏。
- 红豆、绿豆、扁豆等豆泥，若太早提供容易造成肠胃不易消化的问题，建议 8 个月大后再吃更恰当。

7~9 个月宝宝需要的营养素、辅食顺序及形式

<table>
<tr><th colspan="3">项目</th><th>7个月</th><th>8个月</th><th>9个月</th></tr>
<tr><td colspan="3">建议母乳或配方奶的喂食次数</td><td colspan="3">4 次</td></tr>
<tr><td colspan="3">建议每日母乳或配方奶的喂食分量</td><td colspan="3">200~250ml</td></tr>
<tr><th>六大类食物</th><th>辅食喂食顺序</th><th>可提供营养素</th><th colspan="3">辅食的形式</th></tr>
<tr><td>五谷根茎类</td><td>可同时添加</td><td>糖类、蛋白质、维生素 B_1 及维生素 B_2（未精制的谷类含量较多）</td><td colspan="3">1 份 = 粥、面条、面线 1/2 碗
= 薄片吐司 1 片、馒头 1/3 个、米粉或麦粉 4 汤匙
分量：2.5~4 份</td></tr>
<tr><td>水果类</td><td>可同时添加</td><td>维生素 A、维生素 C、水分、膳食纤维</td><td colspan="3">自制果汁或果泥（选择带皮水果，如苹果、香蕉）
分量：每次 1~2 汤匙</td></tr>
<tr><td>蔬菜类</td><td>可同时添加</td><td>维生素 A、维生素 C、矿物质、膳食纤维、铁、钙</td><td colspan="3">菜泥：卷心菜、菠菜或白菜、萝卜
分量：1~2 汤匙</td></tr>
<tr><td>蛋豆类</td><td>可同时添加</td><td>蛋白质、脂肪、铁、钙、B 族维生素、维生素 A</td><td colspan="3">1 份 = 蛋黄泥 2 个
= 豆腐 1 个 4 方块或半盒
分量：1~1.5 份</td></tr>
</table>

爸妈第17问

如何帮宝宝补充钙和铁

宝宝7个月以后，单从母乳或婴儿配方奶中摄取营养已经不能满足生长需要，尤其是铁和钙的吸收。

钙的补充来源

钙在宝宝的成长阶段一直扮演着极为重要的角色，当然在这个阶段也不例外，因为缺钙直接影响到宝宝的身高和牙齿、骨骼发育。

一般来说，除了奶类外，豆制品、蛋黄、黑芝麻、海带、黑豆、苋菜、豆皮等食物中的钙含量也很丰富。

成长中的宝宝需要这些含钙多的食物。

正确补充铁

在人生的不同阶段，对铁的需求量也不相同。婴幼儿处在生长发育时期，对铁的需求量比成人高。这个阶段的宝宝每日需要铁 0.8 mg，按照 8% 的吸收率，每日应摄入 10mg 的铁。

铁在人体中的主要功能是合成红细胞中的血红蛋白，红细胞可以将氧气带到全身的每个角落，供新陈代谢所需。同时，铁也是许多酶的成分，并且参与多种酶的反应，有助于免疫力和智力的发展。体内缺铁最直接的问题就是影响血红蛋白的合成，造成缺铁性贫血，使血液运送氧气的能力下降，从而影响体内各器官的正常生理活动。

宝宝宜摄取富含铁的食物。

为了避免贫血或改善贫血，饮食的几个原则还是要注意：

首先，蛋白质要每日摄取。因为蛋白质是合成血红蛋白的元素之一，所以每日应摄取足够的优质蛋白质食物。

其次，多食用富含铁的食物。深绿色蔬菜如菠菜、红薯叶、西蓝花、红苋菜及海藻类植物，还有如牛油果、枣子、红豆、黑芝麻等都是富含铁质的食物。

再次，叶酸的补充也很重要。叶酸是参与血红蛋白合成的重要原料，适当地补充叶酸可预防巨幼细胞贫血的发生。平时可让宝宝多摄食叶酸含量丰富的食物，如深绿色蔬菜、豆类、全谷类等。

同时要尽可能搭配可预防贫血的食物。妈妈除了选择铁吸收率高的食物之外，还应在宝宝进餐的同时，搭配富含维生素 C 的食物，因为维生素 C 能促进非血红蛋白铁（植物性的铁）的吸收，还可以改善谷类中植酸抑制铁吸收的不足。

其实，要养育宝宝并不是件难事，蔬果蛋奶等食物中就可以提供给成长中的宝宝所有营养。不过，爸妈们也要有心理准备，在辅食添加时期，您的宝宝可能会拒吃带有强烈味道的食物，如胡萝卜、卷心菜、青椒等。不过别担心，几个月之后，宝宝有可能会再次喜欢上它们。

全谷类食物富含叶酸，可预防贫血；红凤菜富含铁，搭配富含维生素C的水果，能帮助宝宝更好地吸收。

铁含量高的食品（以深绿色和深红色的蔬菜为佳）

菌藻及蔬菜类	铁含量(mg/100g)	谷类、薯类及根茎类	铁含量(mg/100g)	坚果、豆类及制品	铁含量(mg/100g)
紫菜干	54.9	青稞	40.7	桑椹干	42.5
红苋菜	2.9	藕粉	17.9	黑芝麻	24.5
薄荷	11	谷类早餐饮品	12.4	芝麻酱	20.4
野苦瓜	8.5	燕麦片	11.1	白瓜子	12.2
黑甜菜	6.7	麦芽饮品	8.7	红豆	9.8
绿苋菜	5.4	粉丝	6.4	花豆	2.1~9
红凤菜	4.1	大麦片	5.5	葵花子	8.6
九层塔	3.9	薏苡仁	3.6	甜豌豆	8.5
玉米笋	3.9	小米	5.5	蚕豆	8.2
茼蒿	3.3	稻米	2.3	黄豆	8.2
川七	3.1	莲子（干）	3.6	豆腐干丝	6.2
菠菜	2.9	菱角	1.3~5.9	绿豆	6.4
芦笋	1.9	鲜玉米	1.1	腰果（生）	4.7~6.3
芥蓝	1.9	土豆	0.8	松子	5.8

爸妈第18问

7~9个月宝宝辅食的喂食分量与时间应如何安排

这个阶段的宝宝，每日吃辅食应在2次以上，占一日饮食热量的30%~50%，且要定时喂食才能让宝宝养成好习惯。

爸妈们可以依据下表所建议的喂食分量和时间表来安排宝宝的辅食。要注意的是，如果宝宝配方奶喝得多，辅食总量可以少；如果配方奶喝得少，则辅食总量要多。如此才能让宝宝从饮食中获取足够每日需要的热量。

喂食的方法

- 让宝宝的身体稍微往前倾，或是不要让宝宝躺得太平。
- 调整宝宝坐椅，避免宝宝的身体摇晃，或是在椅背和宝宝之间塞入毛巾来支撑，稳住宝宝的身体。
- 附有桌板的坐椅可以让宝宝把手放在桌板上，让姿势安稳。
- 用汤匙一口一口慢慢地喂食。要确定宝宝口中没食物了，才可以喂食下一口，正确的喂食不但能避免因喂食过量而导致宝宝生理不适，同时还可以帮宝宝养成良好的饮食习惯。所以，爸妈千万不可因为心急而给宝宝猛塞食物。
- 这个时期的宝宝，舌头能够上下前后活动，可以开始练习用舌头压碎食物泥，以及用吸管杯喝水或喝果汁。

调整宝宝坐椅，避免宝宝的身体摇晃。

7~9 个月宝宝一日喂食分量与时间表

六大类食物	全谷类	水果类	脂肪	豆蛋类	蔬菜类	奶类：母乳或配方奶
辅食质地	稍稠的糊状	泥状或榨汁		切成小碎丁捣成泥	煮烂，切碎成泥	
营养密度食物（高）	米糊、红薯、南瓜、吐司、燕麦	苹果、香蕉、葡萄、橙子	黑芝麻	豆腐	菠菜、西蓝花、胡萝卜、苋菜、番茄	
营养密度食物（低）	面糊、面线、乌龙面、婴儿米粉	沙梨、水蜜桃西瓜、香瓜	植物性油脂		茄子、海苔、西芹	
喂食量	任选 2.5~4 份	任选 1~2 汤匙	任选 1/2 汤匙	任选 1~1.5 份	任选 1~2 汤匙	4 次
早餐 07：00	米糊 1/2 碗 母乳或配方奶 200~250ml					
早点 10：00	母乳或配方奶 200~250ml 苹果汁 1 汤匙					
午餐 12：00	豆腐泥 1 块、粥 1/2 碗、香瓜泥 1 汤匙 母乳或配方奶 170~210ml					
午点 15：00	母乳或配方奶 200~250ml 苹果汁 1 汤匙					
晚餐 18：00	蛋黄泥 1 汤匙、面条 1/2 碗、菠菜泥 1~2 汤匙 母乳或配方奶 170~210ml					
晚点 21：00	母乳或配方奶 200~250ml					

营养师的温馨小提醒

- 每日第二次喂辅食的分量和第一次一样，但饭后的母乳或配方奶以宝宝想喝的分量来喂食，不要勉强。
- 每次新添加的食物都要先从单一种食物开始喂起，既可以测试是否会造成过敏，也可以让宝宝记住单一食物的味道。待他习惯后再开始和其他食物混合。

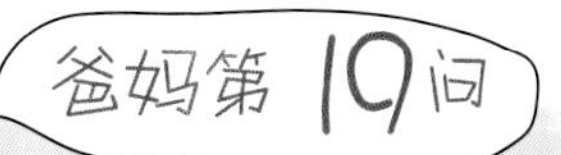

7~9个月宝宝的辅食应如何料理

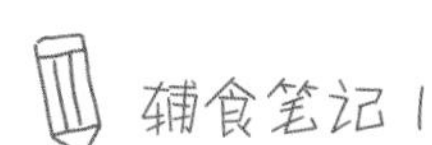

✍ 这个阶段的宝宝食量比4~6个月要大，辅食的质地可以呈泥状或糊状，米类可以从米汤变成薄粥。其他的食材一定要在煮熟或蒸熟后，再做成泥状的辅食。

✍ 每种新的食材应先单独喂食3~5日，观察宝宝没有过敏现象后，再加入米粥或其他蔬果泥中变成混合口味，一起喂给宝宝。

✍ 这时期的宝宝可以食用含有膳食纤维的蔬菜了，蔬菜在料理前最好先冲洗一次，去除大部分的泥沙和农药残留，接着浸泡约10分钟，让粘附在蔬菜上的泥沙变得软化，最后再冲洗一次才能真正洗干净。

✍ 彻底冲洗干净的蔬菜可以汆烫也可以蒸制，蔬菜汆烫后的水可以让宝宝一同饮用，或者是与蔬菜一同烹调，如此就可以减少营养流失。

蔬菜汆烫后的水可以与蔬菜一同处理。

辅食笔记7

非绿色蔬菜以蒸的方式来处理比较好。

- 由于鲜艳的颜色总是容易吸引小宝宝的注意力，而深绿色蔬菜如果用蒸的方式制作，颜色容易暗黄，所以最好用汆烫的方式，这样容易保留蔬菜的翠绿颜色。其他颜色的蔬菜则用蒸的方式比较好。

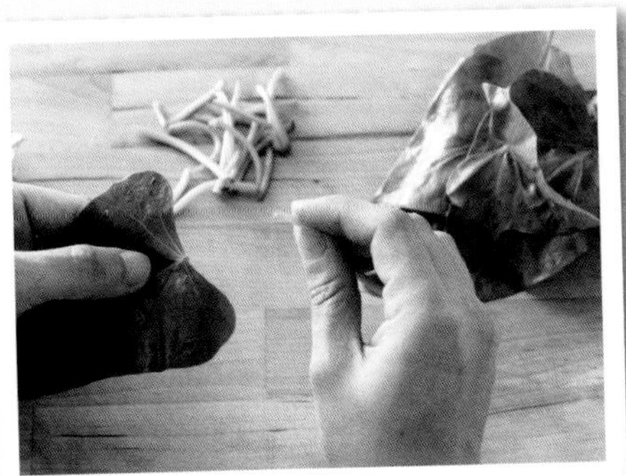

取菜叶料理给宝宝吃，摘下的菜梗做给大人吃。

- 由于叶菜类的菜梗纤维都比较粗，在制作这时期的宝宝蔬菜料理时，应先将菜梗摘除，只取菜叶。摘下来的菜梗可拿来制作大人吃的蔬菜料理，一点也不会浪费。

- 同一种食材在料理时，可以利用刀工多多改变形状或大小，能够练习宝宝的咀嚼力。

宝宝的手指食物。

- 由于这个阶段的宝宝喜欢啃拳头或小指头，因此可以搭配长条或棒状食物，如切好的水果条、米饼、吐司条等，训练宝宝以手就口的技巧，但要在食用时确认宝宝的双手已清洗干净并已擦干。

辅食笔记3

- 制作辅食的分量以冷冻7日或冷藏1日能吃完为标准，不要制作太多。

- 这时期的辅食仍以原味为主，极少数需加些天然调味，如果不是马上要吃或当餐就可以吃完，不建议先加入调味烹煮，可待混合搭配组合并加热完成后，再来做味道上的微小调整。

厨师爸爸的温馨小提醒

辅食的混合变化

这时期的宝宝可食用多种食材混合在一起的食物糊。制作时，可以先将单独的食材分别做好、分装好，待要喂食前，再取出回温、加热，不但宝宝的营养均衡了，口味也会变化无穷。例如：

A 1份白粥＋1份红薯泥＝红薯粥

B 1份白粥＋1份南瓜泥＋1份胡萝卜泥＝南瓜什蔬粥

营养高汤块，让宝宝吃进更多的营养素

除了直接以氽烫食材的水作为汤底来为宝宝制作辅食，这时期的宝宝因为可以开始食用混合的食物，所以爸爸妈妈们可以动手熬制些营养美味的高汤，来为宝宝的营养加分。高汤可以冷冻成块保存。同时，这些汤底也可以作为家人平日烹饪使用的高汤。

冷冻素高汤块
冷冻海带高汤块

冷冻海带高汤块

清水变成钙多多

材料

干海带1条（约15cm）、水3杯

做法

1. 先以湿纸巾擦拭海带表面附着的泥沙。
2. 锅中加水3杯，放入已擦拭干净的海带，浸泡20分钟后，移至炉上煮至冒泡，捞起海带，并将汤汁再煮沸，熄火。
3. 待煮好的海带高汤冷却后，倒入冰块模中，移入冰箱冷冻即可。每次要处理前取出该餐的使用量即可。

冷冻素高汤块

多种蔬菜营养融入汤汁中

材料

黄豆芽120g、白萝卜60g、胡萝卜60g、干香菇10g、芹菜10g、玉米半根、水1000ml

做法

1. 各种蔬菜清洗干净；两种萝卜削皮切块；芹菜切段。
2. 取一汤锅，将水倒入，待煮沸后，放入所有材料。
3. 等到汤汁再次煮沸，转小火，使汤汁保持小滚动，继续再熬煮约20分钟，煮至锅中的汤汁剩约1/2量，熄火。
4. 过滤汤汁，待冷却后分装冷冻或倒入制冰容器制成冰砖，方便日后使用。

厨师爸爸的温馨小提醒

- 冷冻高汤可以一次做多一点，用制冰盒分装冰冻。每次取用所需的量，还可以根据宝宝的成长状况加入适量水稀释。

七倍米粥

宝宝的第一道辅食开始变浓稠了

材料

白米（或米饭）1/2 量米杯、水 3.5 量米杯

白米煮米汤

传统的米汤这样煮

做法

1. 白米洗净，泡水 20 ~ 30 分钟，白米与水的比例是 1：7。

2. 将装有浸泡好的白米与水的锅移至炉上，先用大火煮沸。

3. 再改小火煮 40~50分钟至软，熄火。
4. 待凉后，粥汁会再变浓稠。

打碎的白米煮米汤 超省力的米汤方便煮

做法

1. 白米洗净，用水泡 20~30 分钟，白米与水的比例是 1：1。
2. 将浸泡好的白米与水倒入调理机或搅拌机中打碎（还会有些许细微颗粒的感觉）。
3. 将碎米与水倒入锅中，再加入 6 倍的水（如果原来是半杯白米、半杯水，这时要再加水 3 杯），移至炉上。
4. 先用大火煮沸，再改小火煮到软，6~8 分钟，熄火。
5. 待凉后，粥汁会再变浓稠。

米饭煮米汤 聪明爸妈的速煮法

做法

1. 将 1/2 量米杯饭与 1/2 量米杯水倒入调理机或搅拌机中打成泥糊状。
2. 将米饭糊倒入锅中，再加 3 杯水。
3. 先用大火煮沸后，再改小火煮到软，3~4 分钟，熄火。
4. 待凉后，粥汁会再变浓稠。

营养师的温馨小提醒

- 煮好的粥待凉后，倒入制冰器皿或小容器内做成冰砖，脱模后再以袋子分装，这样不占空间，也不易吸附冰箱中的异味。
- 一次的制作量最多以 7 日量为限（约为此配方的 2 倍量），若做太多，会让冰箱可存放的种类变化减少，而且也容易变质。

胡萝卜泥

提升宝宝的免疫力

材料

胡萝卜 120g（约半根）、冷开水 1/4 杯、玄米油 1/2 小匙

做法

1. 胡萝卜洗净，去皮，切成片。

2. 将胡萝卜片摆到盘中，淋上玄米油，之后放入锅中蒸至熟透。

3. 将蒸熟的胡萝卜与冷开水混合，用搅拌棒打成泥糊状即可。

营养师的温馨小提醒

- 胡萝卜中的 β 胡萝卜素要用油才能溶解出来。

菠菜泥

富含铁，促进肠胃蠕动

材料

菠菜叶 35g

做法

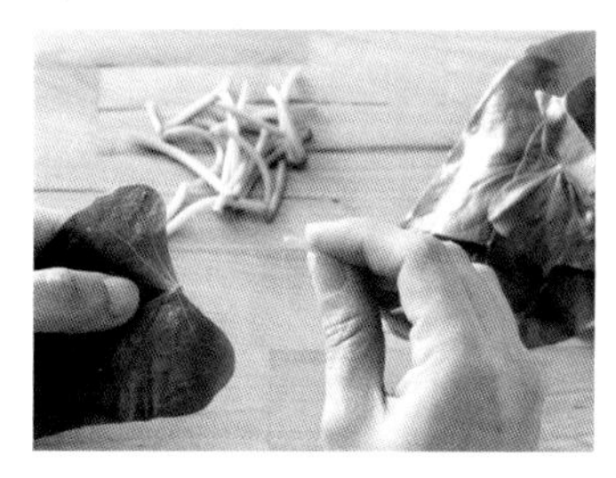

1. 菠菜洗净，摘取菜叶。

2. 小煮锅中加入2杯水，待煮沸后放入菠菜叶，氽烫至熟捞起。
3. 氽烫菠菜的水放凉后取60ml，和氽烫熟的菠菜一起倒入调理机中打成泥糊状即可。

营养师的温馨小提醒

- 菠菜含有丰富的维生素C、胡萝卜素、蛋白质、矿物质、钙、铁等营养物质，在烹调时会释放出丰富的维生素与矿物质，因此煮时要避免加入过多的水，以免营养流失。

香苹红薯叶泥

苹果的香甜让红薯叶变好吃了

材料

红薯叶 100g、苹果 1/4 个（约 50g）

做法

1. 苹果去皮，切片，入锅蒸约 15 分钟至果肉变软。

2. 红薯叶洗净，摘除较粗的硬梗，只留叶子（约剩 75g）。
3. 煮锅中加入 2 杯水，待煮沸后放入红薯叶，氽烫至熟后捞起。
4. 氽烫红薯叶的汤水放凉后取 150 毫升，和红薯叶、苹果一起用搅拌棒打成泥糊状即可。

营养蔬菜餐

金黄卷心菜泥

香甜好滋味，营养价值高

材料

卷心菜 50g、胡萝卜 25g、冷开水 90ml

做法

1. 卷心菜洗净，将外围嫩菜叶的部分剥成片状。

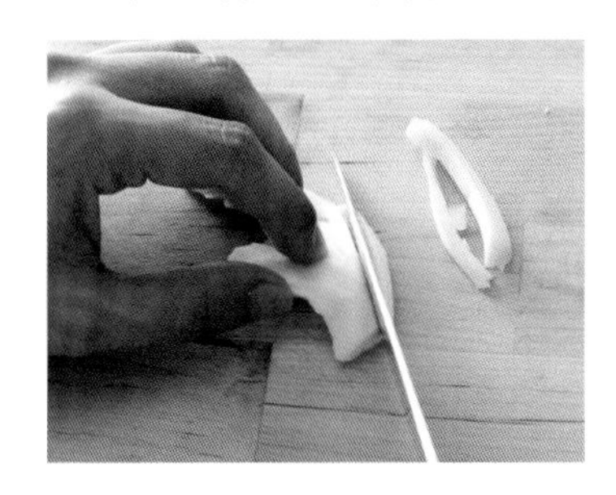

2. 将粗梗部分用刀子切丝。
3. 胡萝卜去皮，切片。
4. 将处理好的卷心菜及胡萝卜放入锅中蒸熟。
5. 蒸熟的卷心菜、胡萝卜和冷开水一起用搅拌棒打成泥糊状即可。

黄瓜黑木耳泥

铁多钙也多的美味菜泥

材料

黄瓜 50g（约 1/2 条）、水发黑木耳 15g（约 1 小片）、冷开水 30ml

调味料

盐少许

做法

1. 黄瓜洗净，去皮，切片。

2. 将黑木耳洗净，切除蒂头，再切成细丝。
3. 黄瓜片和木耳丝一起放入锅中蒸至熟透。
4. 将蒸熟的黄瓜、黑木耳加入冷开水搅打成泥糊状即可。

红凤菜豆腐

造血又补钙，免疫力也提升

材料

嫩豆腐半块、红凤菜100g、玄米油1小匙、冷开水半杯

调味料

盐少许

做法

1. 红凤菜洗净，只摘取菜叶（约剩60g）。
2. 将红凤菜叶放入大碗中，淋上玄米油，再移入锅中，蒸至熟透。
3. 取出蒸好的红凤菜叶，倒入搅拌杯中，加入冷开水及盐，打成泥糊状，倒入盘中。
4. 豆腐切片放入沸水锅中，保持小沸状态氽烫3分钟后，捞起沥干，排放在红凤菜泥上。

营养师的温馨小提醒

- 红凤菜中富含铁，是贫血者的最佳“自然补血剂”。

蛋香
番茄泥
板栗南瓜
奶泥

蛋香番茄泥

番茄红素多多，抵抗力也多多

材料

番茄 300g（约 1 个）、玄米油 1/4 小匙、鸡蛋 1 个

做法

1. 鸡蛋放入小煮锅中煮熟，剥壳后去除蛋白，留下蛋黄部分。
2. 番茄入沸水锅氽烫至皮皱起，立即捞起泡入冷水中，取出将外皮撕去后切薄片。
3. 将番茄片放入碗中，淋上玄米油后放入锅中，蒸至软透。
4. 蒸熟软透的番茄和熟蛋黄一起搅打成泥糊状即可。

厨师爸爸的温馨小提醒

- 番茄属于低热量食物，富含番茄红素，只是要注意番茄红素需要油才能溶解出来。

板栗南瓜奶泥

让宝宝身体壮壮

材料

板栗南瓜 100g、胡萝卜 5g、玄米油 1/4 小匙、配方奶 1/4 杯

做法

1. 胡萝卜洗净，去皮，切片，入锅蒸约 15 分钟至软。
2. 板栗、南瓜洗净去子，放入锅中蒸熟，用汤匙挖取果肉泥。
3. 将所有材料一起打成泥糊状即可。

厨师爸爸的温馨小提醒

- 解冻加热时加入少许配方奶，就能变成南瓜奶汤了。

青豆
土豆泥
青豆
可乐饼

营养蔬菜餐

青豆土豆泥

7 餐量

吸引宝宝的粉绿色泽，营养全方位

材料

青豆2大匙、土豆1/2颗（约150g）、配方奶30ml

调味料 盐少许

做法

1. 青豆先用水煮熟。
2. 土豆洗净带皮入锅蒸30分钟，趁热去皮，再切成小块状。
3. 将青豆和土豆、配方奶一起打成泥糊状即可。

厨师爸爸的温馨小提醒

- 将土豆洗净后，整颗带皮放入锅中蒸熟，能保存完整的营养。

营养蔬菜餐

青豆可乐饼

7 餐量

香酥好滋味，宝宝抢着吃

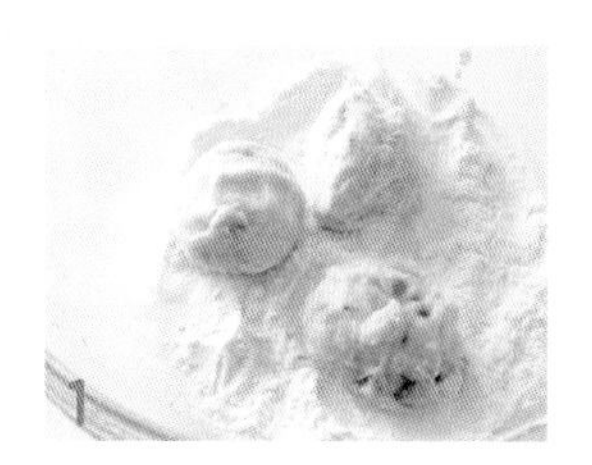

材料

青豆土豆泥1杯、香菇碎末1/2大匙、面粉1/4杯、蛋液1/2个、细面包粉1/2杯

做法

1. 将青豆土豆泥挤成球状后，先蘸面粉。
2. 再依次蘸蛋汁、细面包粉。
3. 利用罐头盖子，将薯球压成圆饼。
4. 入锅，煎至外皮香酥，起锅，先置于厨房纸巾上吸油，之后放至不烫手即可。

松子小米粥

香绵滑口、益智健脑的宝宝粥

材料

松子 1/4 杯（约 25g）、小米 1/4 杯、白米 1/4 杯、水 4.5 杯

做法

1. 小米冲洗干净，先泡水 30 分钟，再沥干水分。松子放入烤箱以 170℃烤至金黄色。
2. 白米洗净，沥干水分，再加入小米和 1/2 杯的水，移入电锅，外锅加 2.5 杯水蒸煮 30 分钟至熟。
3. 将烤好的松子、蒸熟的小米饭倒入搅拌杯中，再加水 1/2 杯打成碎糊。
4. 将松子小米糊倒入小汤锅中，加水 2 杯，先以大火煮沸，再改小火续煮 3~5 分钟。

营养师的
温馨小提醒

- 小米含有糖类、B 族维生素、维生素 E、钙、磷、铁、钾等营养素，它不含麸质，不会刺激肠道，拥有比较温和的纤维质，容易被人体消化吸收。

茭白笋五谷粥

富含铁，促进肠胃蠕动

材料

五谷米1/2杯、茭白1/2根（约30g）、水3杯

做法

1. 五谷米泡水2小时，洗净，沥干。

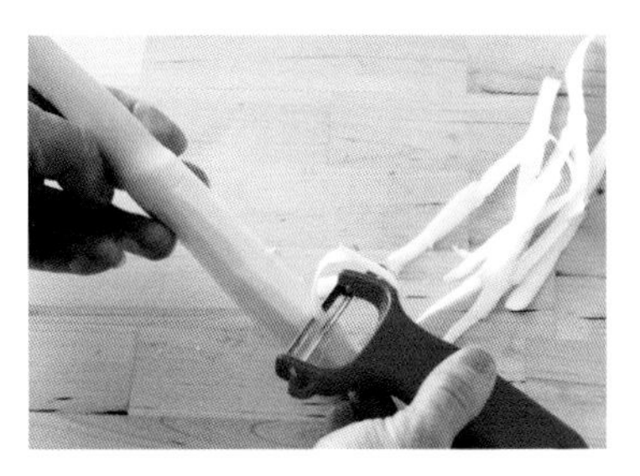

2. 茭白洗净去皮，切块。
3. 洗净的五谷米与茭白块、1/2杯水拌匀，移入锅中，蒸煮至熟。
4. 取出蒸熟的五谷饭与1/2杯水一起打成糊。
5. 将五谷饭糊倒入小煮锅中，加入2杯水，拌匀，先用大火煮沸，后改小火，煮2~3分钟，熄火，待温度变凉后即可。

营养师的温馨小提醒

- 茭白的茎皮要削去，只取茭白肉来煮粥，这样宝宝吃下后才容易消化吸收。削下来的茎皮可以切段，和大人吃的茭白一起料理。

苋菜糙米粥

钙多铁多营养多多的宝宝粥

材料

糙米 1/2 杯、苋菜叶 50g、水 4.2 杯

做法

1. 糙米浸泡 2 小时后，沥干，再加水 1.2 杯，放入锅中蒸煮熟透。
2. 将苋菜叶切小段后放入沸水锅中氽烫至熟。
3. 将糙米饭、煮熟的苋菜叶和半杯煮苋菜的水用搅拌机打成碎糊。
4. 将苋菜糙米糊倒入小煮锅中，加水 3 杯，先用大火煮沸再改小火煮 2~3 分钟，熄火，待凉后粥汁会再变浓稠。

营养师的温馨小提醒

- 糙米饭质地干硬，故煮粥时要多加一些水。
- 苋菜的铁含量是菠菜的 2 倍，钙含量则是 3 倍，所含钙、铁进入人体后容易被吸收利用，对小儿发育及骨折愈合很有帮助。

营养蔬菜粥

红薯紫米粥

7 餐量

补血、增抵抗力的宝宝粥

材料

紫米1/2杯、红薯100g、水3.25杯

做法

1. 紫米先浸泡一晚，洗净沥干后，加水3/4杯，移入锅中蒸熟。
2. 红薯去皮，洗净，切丁，入锅蒸熟。
3. 取出紫米饭，加水1/2杯，用搅拌机打成碎糊状。
4. 将紫米糊倒入煮锅中，并加入熟红薯丁及水2杯，大火煮沸后，再改小火煮2~3分钟，熄火待凉。

厨师爸爸的温馨小提醒

- 煮紫米时很容易沉底烧焦，所以先蒸熟再煮，可以省去多次搅拌，也不容易失败。
- 紫米与红薯因煮熟的时间不一样，所以要分开蒸煮。

海苔
蘑菇粥
双玉
小米粥

海苔蘑菇粥

补充铁、钙的宝宝粥

材料

米饭1/2杯、水2.5杯、蘑菇2朵（约40g）、食用海苔片2小片

做法

1. 蘑菇洗净切片，放入烤箱以190℃烤至金黄褐色。
2. 米饭、蘑菇及半杯水一起用搅拌机打成碎糊。
3. 将蘑菇饭糊倒入煮锅中，加入2杯水及海苔片，用大火煮沸后，改小火续煮2~3分钟，熄火拌匀，待凉后粥汁会再变浓稠。

双玉小米粥

更天然更香甜的宝宝粥

材料

小米1/2杯、白米1/2杯、紫玉米1/2根、黄玉米1/2根、水6杯

做法

1. 将双色玉米入锅蒸熟，取玉米粒。
2. 小米与白米一起洗净沥干，加水1杯，移入锅中蒸煮至熟。
3. 将玉米粒、小米饭与1杯水用搅拌机打成碎糊状。
4. 将打好的玉米小米糊倒入煮锅中，加水4杯，大火煮沸后改小火煮2~3分钟，熄火，待凉后粥汁会再变浓稠。

厨师爸爸的温馨小提醒

- 直接用香甜的玉米煮粥，滋味更香浓，除了作为宝宝的辅食外，还可依个人喜好，加细砂糖等调味品，很适合全家人共享。

最爱
水果餐
木瓜面茶
人参果
米糊
栗子
芭蕉泥

木瓜面茶

淡淡香甜好入口

材料

去皮、去籽的熟木瓜 60g、面茶粉 1 小匙

做法

1. 将面茶粉置于容器中，冲入 3 倍的热开水，调匀，放凉。
2. 将已经放凉的面茶和木瓜一同用搅拌机打成泥糊状即可。

厨师爸爸的温馨小提醒

- 面茶粉可直接购买，也可自己动手做（做法请参见第 56 页）。面茶不仅是宝宝爱吃的辅食，大人小孩都可食用。

栗子芭蕉泥

香浓好吃、营养丰富

材料

熟栗子肉 1/4 杯、芭蕉 1/4 根、配方奶 1/4 杯

做法

1. 芭蕉去皮，切块，放入调理机。
2. 加入栗子和配方奶打成浓稠泥糊状。

厨师爸爸的温馨小提醒

- 糖炒栗子是家中很常见的零食小点心，取一些去壳后的熟栗子肉就能做成这道宝宝水果餐。大人吃到美味的点心，宝宝也补充了营养。

人参果米糊

低糖低脂的水果奶糊

材料

人参果 1/4 颗、米糊 1/4 杯、配方奶 1/4 杯

做法

1. 人参果带皮切块，与配方奶一同打成糊状。
2. 加入米糊拌匀即可。

厨师爸爸的温馨小提醒

- 人参果又叫长寿果、香艳梨，属茄科类多年生草本植物。人参果低糖低脂，富含维生素 C、蛋白质等营养物质，吃起来脆爽多汁。

烤吐司饼干

抓着吃，宝宝爱不释手

材料

吐司2片、花生粉1/4杯

做法

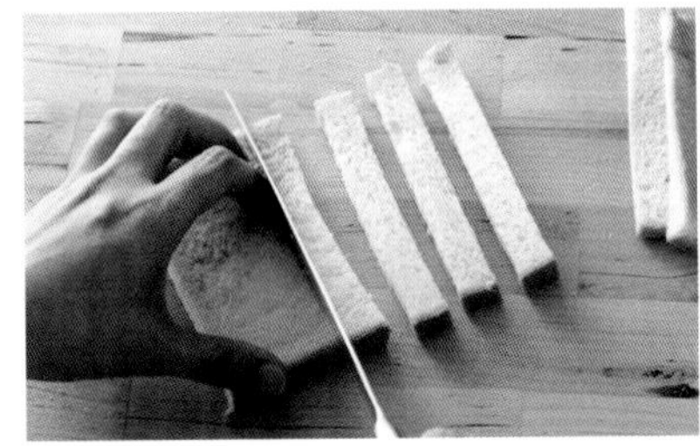

1. 吐司切去两边较硬的外皮，再切成条状。
2. 放入已预热至170℃的烤箱，烤12~15分钟。

3. 将烤至干酥的吐司条放入塑胶袋中，加入花生粉，抓紧塑胶袋摇动数下，使吐司条均匀蘸裹花生粉即可。

厨师爸爸的 温馨小提醒

- 将吐司切条烘烤成饼干，是宝宝十分喜爱的小点心，就算不蘸裹花生粉，宝宝也爱抓来吃，而且有助于宝宝双手抓握和咀嚼能力的训练。

糖霜吐司条

6 餐量

方便拿着吃的小点心

材料

吐司2片、蛋白1个、糖2大匙、奶油1小匙

做法

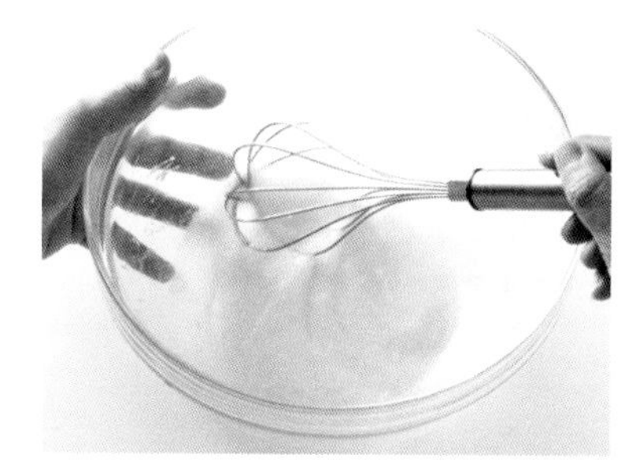

1. 玻璃碗中打入蛋白，并倒入糖，稍微打起泡后，加入融化的奶油拌匀。
2. 吐司去四边的外皮，再切成条状，放入已打好的蛋白糊中快速拌匀。
3. 将拌裹蛋白糊的吐司条排放在烤盘上，再移入已预热至170℃的烤箱，烤12~15分钟，使其酥脆似饼干即可。

厨师爸爸的温馨小提醒

- 吐司条放入蛋白糊中快速拌匀即可取出（放入太久容易断裂），摆放在烤盘上烘烤成饼干。也可加入香料粉来变化口味。

应用篇

之三

我要的更多，为断奶做准备

——10~12 个月宝宝这样吃最营养

宝宝马上 1 岁了，爸爸妈妈要开始为宝宝的断奶做准备了！在这个阶段，宝宝一直依赖的母乳或配方奶应该慢慢减少至仅在早晨或晚上提供，辅食则应成为三餐的主要食物，而且可以让宝宝和大人一起吃饭，以养成宝宝良好的用餐习惯。

有些宝宝可能一时无法脱离以奶类为主食的习惯，爸爸妈妈也无须太操心，只要保证辅食的喂食量，再逐步调整宝宝对奶类的依赖即可，只是一定要记住，宝宝以奶类为主食不要超过 2 岁。

10~12个月的宝宝生理成长概况如何？如何顺利断奶

10~12个月宝宝的生理成长概况

10个月大的宝宝已经可以通过双膝或双手着地爬行来移动自己的位置，背部及颈部的肌肉发育也已经渐趋成熟，因此可以扶着东西站立起来，双手还能互换玩具，手和口的协调性也在逐渐增强。

在这个阶段可以试着让宝宝坐在婴儿用的餐椅上，并且让他尝试自己使用专用的餐具来练习进食。需要注意的是，宝宝的手部抓握能力尚未完全发育好，容易掉落餐具，所以在选购专用餐具时宜选用耐热且不容易摔破的餐具，不要选购塑胶餐具，以免餐具遇热时释放出毒素伤害到宝宝的身体健康。

帮助宝宝顺利断奶

所谓“断奶”，并不是说就不给宝宝喝奶，只是要将宝宝的饮食调整成以辅食为主、奶类为辅。

母乳或是配方奶毕竟是宝宝最初的主食，依偎在妈妈怀中喝奶更是充满安全感，要马上让他们断奶是不可能的，适时添加辅食，除了供给宝宝周全的营养，也是帮宝宝做断奶的初步训练，让宝宝慢慢习惯食物的味道和口感。因此断奶的训练应在自然而然中进行，并且应以渐进方式来减少母乳的喂食次数，同时增加辅食的喂食次数，直到宝宝断奶为止。若以强迫方式，易使宝宝产生心理压力，因而吵闹、拒食，造成喂食困难，宝宝也更容易营养不良。

营养师的温馨小提醒

帮宝宝准备安全耐热的餐具

准备大小适中而安全性高的幼儿餐具，可以让宝宝知道这是他的专属餐具，像宝宝的餐盘、小叉子、小汤匙等。在选择餐具时，爸妈一定要注意其是否具备耐热性（餐具上最好注明耐受温度）、防滑性、耐摔性，而且也要选择不含环境雌激素、无毒（避免高密度聚乙烯和聚丙烯）的餐具。

爸妈第21问

适合 10~12 个月宝宝的辅食有哪些

在宝宝 10~12 个月这个阶段，提供的辅食种类必须再次增加，甚至要让辅食逐渐成为主食，进而取代母乳或是配方奶。因此，每日食用辅食的次数可增加到 3~4 次，至于宝宝的喝奶次数应当由刚出生时每日的 7~9 次缩减为 2~3 次。

另外，在食物选择上应配合宝宝乳牙的生长以及咀嚼能力的练习，同时还要顾及能让宝宝的舌头有前后、上下、左右等方向的移动。

增加五谷杂粮与蔬果的种类，可以开始加入全蛋与少量油脂

在均衡饮食的基础下，可扩大菜单的种类，增加食材的变化，让宝宝认识不同食物的风味。原先在宝宝 4~9 个月时，因担心过敏问题而不能提供蛋白，等宝宝长到 10~12 个月时就可以将全蛋作为优良蛋白质的来源。

这个时期除了确认会引起宝宝过敏的食材之外，几乎所有的蔬果食材都能制作成辅食。

虽然 1 岁以前的宝宝肠胃仍比较敏感，过多的油脂不易消化，但这阶段已经可以开始提供少量的油脂了。只是市面上的油品上百种，应当选择什么样的油呢？

宝宝的用油宜选用高冒烟点、初榨冷压以及玻璃瓶装的油，如橄榄油、含有丰富的 Omega-3 不饱和脂肪酸的亚麻子油。

另外，在料理上，也要少油炸、油煎，从冷锅冷油开始处理，这样混合了少量油脂料理而成的辅食才是适合宝宝的。

10~12 个月的宝宝已经可以食用全蛋料理。

随着宝宝成长与活动量的增加，这个阶段是许多爸妈担心宝宝钙不足的时候。

的确，宝宝在 7 个月后对钙的需求量已由一日 300mg 增至 400mg。钙是宝宝骨骼与牙齿发育过程中不可或缺的营养素，它可以帮助神经组织的传导，稳定情绪。

宝宝如何通过每日的饮食摄取到足够的钙质？爸妈可以先了解下在可做辅食的食物里有哪些可以提供丰富的钙质。

成长至此阶段的宝宝只要每日摄取到一份豆制品及一份深绿色蔬菜，再搭配补充辅食不足的母乳或配方奶，钙的摄取就可达到建议摄取量，不用担心钙会不足。

值得注意的是，钙质在体内的吸收过程需要维生素 D 的协助，而这种维生素的来源更是上天的恩赐。只需通过每天温和的日晒，人体自然会合成维生素 D，协助肠道钙质吸收，所以让宝宝每天都有适当的户外运动，也是促进钙吸收的重要方式。

富含钙的素食食材

食物类别	食材名称	每份重量（g）	含钙量（mg）
豆制品	小方豆干	70	480
	传统豆腐	110	154
	五香豆干	45	123
蔬菜类	芥蓝菜	100	238
	红苋菜	100	191
	绿苋菜	100	156
	绿豆芽	100	147
	红凤菜	100	142
	川七	100	115
	油菜	100	105
坚果类	黑芝麻	8	116
	黑芝麻粉	8	88
	芝麻酱	8	64
	麦粉	20	113

辅食的最佳拍档

宝宝的饮食如果要调整为以辅食为主，在饮食的组合搭配上可以考虑将粥和煮到软烂的面条作为主食，主食之外，再加入切碎的蛋黄、豆腐以及切碎或煮软的蔬菜。这些都可作为宝宝正餐食用的理想组合。

食物的硬度，应以手指可以压碎为标准。

辅食范例

辅食的料理以原味为主，食材宜切细碎或小丁，要煮得软烂

10~12个月的宝宝辅食仍以食物原味为主，避免使用调味料。

在食材准备上应由原本的稠糊状、搅碎或剁碎的食物慢慢过渡到丁状，让宝宝练习舌头上下搅动，然后用舌头和上颚来压碎柔软又细小的块状食物。

若是宝宝吃进了无法用舌头压碎的食物，会自然而然地把食物推到左右两边，然后用牙龈将压碎的食物研磨后吃进肚子里。

食物的硬度应以大人用手指可以压碎为标准。胡萝卜和土豆等根茎类食物，除了要软之外，也要切成0.5cm的小丁状来喂食，或切成长条状让宝宝自己拿在手里练习吃。

当坚持喂养宝宝1个月后，就可以增加辅食的分量，食物的质地也可变成需要大口咬碎才能吞食的程度。

10~12个月宝宝辅食的喂食分量与时间应如何安排

若是由大人喂食，记得要把食物放在宝宝嘴巴的前面，因为前齿的附近有探知食物质感、温度和大小的感应器，能让舌头、颚和牙龈顺利反应；如果放在宝宝嘴巴的后面，宝宝就会不加咀嚼地马上吞下去，所以要特别注意。

手抓食物能引起宝宝的食欲，可以多准备一些蔬菜棒让宝宝拿着吃。

这个阶段开始让宝宝自己练习用餐，只不过需要爸爸妈妈的细心与耐心，增加宝宝接触辅食的兴趣与喜好。宝宝在用餐过程中难免造成脏乱，不要予以抱怨和责备，而应在宝宝用餐的过程中，给予适当的鼓励，这样助于增强宝宝用餐的自信心与成就感。

有双柄把手的餐具、方便宝宝练习舀取的杯口餐具，都是协助宝宝独立用餐的好工具。

由于这时期正是训练宝宝独立用餐的时机，因此挑选餐具时可以选用有双柄把手的，方便宝宝握拿；杯碗则可以挑选嘴型杯口餐具，避免过深，方便宝宝练习舀取。这样的餐具有助于协助宝宝独立用餐。

小儿科医师的温馨小提醒

- 宝宝的大便偶尔会出现未消化的菜渣，尤其是豌豆、玉米或胡萝卜碎片，这些都是正常的，爸妈不需要特别担心。
- 需要特别注意的是，宝宝的奶量是否正常，是否添加了适当的辅食，以及宝宝的体重变化是否正常。
- 如果宝宝一切正常，饮食中就不需要额外补充营养品。切记，如需额外补充营养品一定要先请教医生。

宝宝的辅食在此阶段已可增加为每日3~4次，并且要定时喂食，让宝宝养成好习惯。时间的安排与喂食分量的拿捏可参照下表的建议。

10~12个月宝宝一日喂食分量与时间表

六大类食物提供营养素	全谷类 糖类 B族维生素	豆蛋类 优良蛋白质、维生素	蔬菜类 维生素、矿物质、膳食纤维	水果类 维生素、矿物质、膳食纤维	油脂类 必需脂肪酸	奶类 糖类、蛋白质、水分
辅食质地	软质小丁状，或剁碎					
食物选择	米饭 淀粉根茎类：红薯、土豆、南瓜	蒸熟全蛋 豆制品：豆腐、油豆皮、豆浆	深绿色蔬菜、番茄、小黄瓜	香蕉、猕猴桃、苹果、葡萄等	橄榄油、亚麻子油、玄米油	母乳或配方奶
一日建议喂食量	**分量** 1碗约200g	**分量** 1~1.5份	**分量** 2~4汤匙	**分量** 2~4汤匙	**分量** 1汤匙	**分量** 不强迫喂奶，并减少为每日2~3次

10~12个月菜单范例	时间	菜单
	早餐 07：00	母乳或配方奶200~250ml
	早点 10：00	切成小丁的水果，如猕猴桃丁
	午餐 12：00	番茄时蔬豆腐拌饭（面）
	午点 15：00	麦糊或芝麻糊
	晚餐 18：00	红薯苋菜蛋粥
	晚点 21：00	母乳或配方奶200~250ml

10~12 个月宝宝的辅食应如何料理

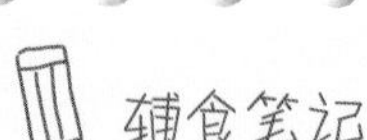

- 在辅食的制作准备上，仍需要使用磅秤，要注意的是食材在剁碎或绞碎时可以比前两个阶段再粗一点，若是切成丁也可有直径 0.5cm 大小。
- 不管是刀具还是砧板依然要严守生食和熟食分开的卫生原则。
- 这时期的辅食仍以原味为主，极少数需加些天然调味，如果不是马上要吃或当餐就可以吃完，则不建议先加入调味烹煮，待搭配组合加热完成后，再做味道上的微小调整。
- 这个阶段的辅食质地可以呈稠泥状或稠糊状，米类可以从薄粥变成稠粥。其他的食材一定要在煮熟或蒸熟后，再做成泥状。
- 每种新的食材应先单独喂食 3~5 日，观察宝宝没有过敏现象后，再放入米粥或其他蔬果糊中变成混合口味，一起喂给宝宝。
- 这个时期的宝宝仍不适合食用纤维较粗的蔬菜梗，在制作辅食时应先将菜梗摘除，只取菜叶。摘下来的菜梗可拿来制作大人吃的蔬菜料理，一点也不会浪费。
- 由于这个阶段的宝宝双手握力更自如了，用手抓取食物能增加宝宝的食欲，所以仍旧适合制作长条或棒状的辅食，如切好的水果条、米饼、吐司条等，以及煮至熟软的蔬菜条，但要确认宝宝的双手清洗干净且已擦干。
- 制作的辅食分量仍以冷冻 7 日（或冷藏 1 日可吃完）为标准。

海藻亚麻子粥 4餐量

材料

综合海藻（各种藻类的混合物）25g（约1杯）、黄金亚麻子2大匙、米饭1/2杯、水4.25杯

做法

1. 综合海藻放入滚水锅中汆烫一下，捞起，沥干。
2. 取碗放入亚麻子，加水1/4杯，放入电锅中蒸20分钟至熟。
3. 将海藻、亚麻子、米饭和水1杯倒入果汁机，一同打成带有颗粒的稠糊状。
4. 将打好的亚麻子饭糊倒入小煮锅中，再加水3杯，先用大火煮沸，再改小火煮2~3分钟，待凉后，粥会再变浓稠。

营养师的温馨小提醒

- 亚麻子又有素鱼油之称，富含Omega-3脂肪酸，可以供人体制造EPA及DHA，有助于宝宝的脑部发育。亚麻子还富含木酚素、木质素，有整肠润肠之效，可以改善宝宝的排便状况。

五倍米粥

宝宝的纯米粥更浓稠了

材料

白米（或米饭）1/2 量米杯、水 2.5 量米杯

白米煮米汤

传统的米汤这样煮

做法

1. 白米洗净，泡水 20~30 分钟，白米与水的比例是 1∶5。

2. 将白米与水倒入锅中，用大火煮沸。

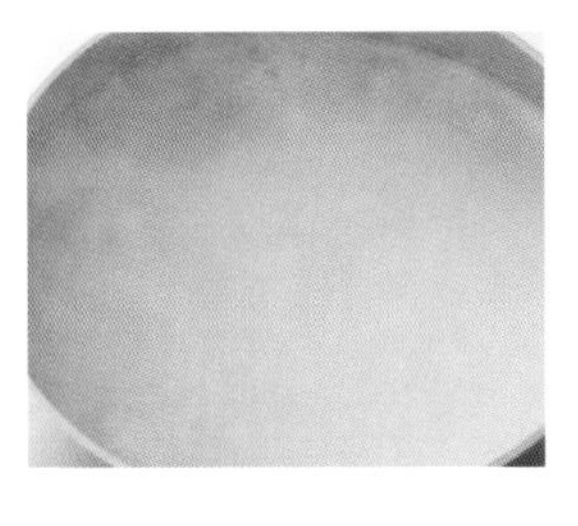

3. 改小火煮，35~40 分钟，待凉后，粥会再变浓稠。

打碎的白米煮米汤 超省力的米汤方便煮

做法

1. 白米洗净，泡水 20~30 分钟，白米与水的比例是 1∶5。
2. 将白米与水一起放入果汁机中打碎。
3. 打碎的米水倒入锅中，然后加入 4 杯水，先用大火煮再改小火一直煮到软（4~5 分钟），待凉后，粥会再变浓稠。

米饭煮米汤 聪明爸妈的速煮法

做法

1. 米饭与水的比例是 1∶1，将二者一起放入果汁机中打成泥糊。

2. 米糊倒入锅中后再加入 3 杯水，先用大火煮再改小火煮到软（2~3 分钟），待凉后，粥会再变浓稠。

厨师爸爸的温馨小提醒

- 此时小宝宝已经长牙，所以米糊不需要搅打得那么碎，保留些许颗粒，让宝宝边吃边咀嚼。

海带芽
芝麻粥
红豆
薏苡仁粥

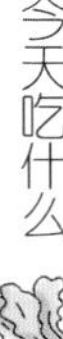

米粥料理

海带芽芝麻粥

4 餐量

帮助宝宝成长与智力发展的海味粥

材料

海带芽5g（约1/4杯）、熟白芝麻1大匙、米饭1杯、水4杯

做法

1. 海带芽用热水浸泡约3分钟至完全发开，沥干水分。
2. 将泡发的海带芽、米饭、白芝麻、1杯水一同打成颗粒状。
3. 将打好的饭糊倒入小煮锅中，再加水3杯调匀，先用大火煮沸，再改小火煮2~3分钟，待凉后，粥会再变浓稠。

厨师爸爸的温馨小提醒

- 海带芽含有丰富的褐藻酸、食物纤维、生理活性物质和碘、钾、钙等，对宝宝的智力发展、骨骼成长都有帮助，还能帮助排便。

米粥料理

红豆薏苡仁粥

4 餐量

增强体力，促进排泄的宝宝粥

材料

红豆1/2杯、薏苡仁1/4杯、米饭1杯、水6杯

做法

1. 红豆及薏苡仁混合洗净，加水浸泡1晚，再将水沥干后，重新加水1杯，移入电锅蒸45分钟至熟。
2. 煮熟的红豆薏苡仁、米饭及1杯水，一同打成带有颗粒的稠糊。
3. 将红豆薏苡仁米糊倒入煮锅中，并加入4杯水，先用大火煮沸，再改小火煮2~3分钟，待凉后，粥会再变浓稠。

厨师爸爸的温馨小提醒

- 红豆、薏苡仁一次可多蒸煮一些，取出给宝宝吃的分量，其余的只要加糖水煮开即是美味的甜汤。

咸蛋
黄白菜粥
菱角粥

米粥料理

咸蛋黄白菜粥

4 餐量

补钙效果好、助排毒又易消化的宝宝粥

材料

咸蛋黄1个、大白菜80g、米饭1杯、水4杯

做法

1. 大白菜洗净，切片，入沸水锅中汆烫，沥干；咸蛋黄放入烤箱，以190℃烤至表层酥香。
2. 将汆烫好的大白菜与烤香的咸蛋黄放入果汁机中，加入米饭及1杯水，一同打成带有颗粒的稠糊。
3. 取出煮锅，倒入白菜咸蛋糊，再加水3杯调匀，先用大火煮沸，再改小火续煮2~3分钟，待凉后，粥会再变浓稠。

米粥料理

菱角粥

4 餐量

解热消毒、有益肠胃的宝宝粥

材料

菱角仁1杯、米饭1杯、水3杯、配方奶1杯

做法

1. 菱角仁放入电锅中蒸20分钟至熟。
2. 取出菱角仁，倒入果汁机中，并将米饭、配方奶和水1杯也倒入，打成带有颗粒的稠糊状。
3. 将打好的菱角饭糊倒入煮锅中，再加水3杯，先用大火煮沸，再改小火煮2~3分钟，待凉后，粥会再变浓稠。

厨师爸爸的温馨小提醒

- 如果不是产菱角仁的季节，或买不到菱角仁，可使用糖炒栗子或市售的熟栗子来替代。
- 菱角仁富含淀粉、蛋白质、维生素B_2及钙、铁、磷等多种营养素，适合成长中的宝宝食用，但容易腹胀的宝宝不宜多食。

黑豆粥

富含蛋白质、钙、铁及多种营养素

材料

黑豆 1/2 杯、米饭 1 杯、水 4.5 杯

做法

1. 黑豆洗净，加适量水浸泡一晚。
2. 将浸泡好的黑豆沥干水分后，加水半杯，然后放入锅中蒸熟。
3. 取出蒸熟的黑豆，与米饭以及水 1 杯，一同用搅拌机或果汁机打成带有颗粒的稠糊后，倒入小煮锅。
4. 小煮锅中再倒入 3 杯水，先用大火煮沸再改小火煮 2~3 分钟，待凉后，粥会再变浓稠。

营养师的 温馨小提醒

- 黑豆富含优质蛋白质、纤维质、不饱和脂肪酸、矿物质、B 族维生素、维生素 E、花青素和皂素等。给宝宝食用，有助于宝宝摄取完整的蛋白质，增强体力。

油菜泥

富含铁、促进血液循环

材料

油菜叶 35g、水 3 杯

做法

1. 油菜洗净，去掉菜梗，只摘取菜叶。
2. 煮锅中加入 3 杯水，待煮沸后放入油菜叶汆烫至熟，捞起。
3. 汆烫油菜叶的汤水放凉后取 30ml，与油菜一起倒入果汁机中，打成带有颗粒的稠糊即可。

营养师的温馨小提醒

- 油菜属十字花植物科，富含钙、维生素 A、B 族维生素、维生素 C 等营养素，而且其所含的钙为菠菜的 3 倍，胡萝卜素及维生素 C 的含量在蔬菜中也位居前列。油菜能促进血液循环，强健骨骼。

层香红薯叶泥

别具香味的蔬菜泥

材料

红薯叶100g、罗勒（又名九层塔）1小把（约20g）、水3杯

做法

1. 红薯叶洗净，只摘取菜叶（约剩75g）。
2. 将罗勒洗净，摘取罗勒叶（约剩15g）。
3. 煮锅中加入3杯水，待煮沸后放入红薯叶和罗勒汆烫至熟捞起。
4. 汆烫菜叶的水放凉后取90ml，和汆烫熟的红薯叶、罗勒叶一起用搅拌棒打成带有颗粒的稠糊状即可。

厨师爸爸的温馨小提醒

- 宝宝对味道较重的食物大多拒绝入口，将富含钙、铁的罗勒与红薯叶一起烫熟后打成泥，可以淡化罗勒的香味，让宝宝慢慢地接受罗勒的独特香味。

营养蔬菜餐

百合山药泥

6 餐量

促进生长、强化体质的好味道

材料

山药 100g、百合 15g、冷开水 1/4 杯

做法

1. 山药洗净后去皮，切片。
2. 百合洗净后，剥成片。
3. 将山药片和百合片一起放入锅中，蒸至熟透。
4. 将蒸熟的山药和百合一起放入果汁机中，再倒入冷开水，一起搅打成带有颗粒的稠糊即可。

厨师爸爸的温馨小提醒

- 山药富含蛋白质及黏多糖，味美且营养丰富，是摄取植物性蛋白质的上上之选。
- 山药皮薄肉厚，所以外皮容易剥落，买回来后，若不立即处理或是要分数次处理，应将要保存的部分先用较柔软的纸张或泡棉包好再放入冰箱冷藏。

西蓝花
菜泥
玉米奶泥

西蓝花泥

吃出健康与体力的蔬菜餐

材料

西蓝花100g、土豆泥1/4杯（做法请参见第54页）、水3杯

调味料　盐1/4小匙

做法

1. 西蓝花切成小朵状，洗净，菜梗先削去老皮，再切成薄片。
2. 取小煮锅，加水3杯煮沸后，放入西蓝花汆烫约5分钟至软。
3. 汆烫西蓝花的汤水放凉后取1/2杯，和汆烫熟的西蓝花及土豆泥一起打成带有颗粒的稠糊即可。

厨师爸爸的温馨小提醒

- 西蓝花就是绿色的花椰菜，富含多种营养，尤其维生素C含量极多，仅次于辣椒。宝宝常吃可促进生长，提高免疫力。

玉米奶泥

强化体质、促进生长的奶香菜泥

材料

黄玉米1根、配方奶1/2杯

调味料　盐少许、糖1/4小匙

做法

1. 玉米洗净放入锅中，蒸至熟透。
2. 用刀切下玉米粒。
3. 将玉米粒、配方奶和调味料一起打成带有颗粒的稠糊即可。

厨师爸爸的温馨小提醒

- 在制作过程中若再多加些水或配方奶，并且加热拌煮均匀，汤汁就会自然变得浓稠，这就是大人小孩都爱的玉米浓汤。

奶油花椰菜泥

素蟹黄粉皮

营养
蔬菜餐

奶油花椰菜泥

4 餐量

迷人的奶油香味，引动宝宝的食欲

材料

花椰菜 200g、山药 100g、无盐奶油 2 大匙

调味料　盐 1/4 小匙

做法

1. 花椰菜切成朵状，粗菜梗削去老皮后切片，二者一同放入沸水锅中汆烫约 6 分钟至软，捞起，沥干。
2. 山药去皮，切片，入锅蒸约 15 分钟至熟，取出。
3. 将山药片、奶油、盐、花椰菜和 1 杯汆烫水一同打成颗粒状。

厨师爸爸的温馨小提醒

- 奶油有添加了盐分的，也有未添加盐分的，记得选购无盐奶油。

营养
蔬菜餐

素蟹黄粉皮

2 餐量

鲜美的橘黄汁，吸引宝宝的注意力

材料

熟红胡萝卜 50g、咸蛋黄 1/2 个、亚麻子油 1 大匙、素高汤 1/4 杯（做法请参见第 77 页）、绿豆粉皮 1 张（约 80g）

调味料　盐少许

做法

1. 将除绿豆粉皮和盐之外的所有材料一起打成泥糊状，做成素蟹黄。
2. 粉皮切小丁，放入小煮锅中稍微汆烫一下。
3. 将打好的素蟹黄糊和盐一同煮开，最后淋在粉皮上即可。

厨师爸爸的温馨小提醒

- 粉皮要选用绿豆粉做的。由于粉皮本身已熟软，只要稍微汆烫即可。

全蛋料理
雪莲子
黑蒸蛋
杏鲍菇蛋
煎山茼蒿蛋

雪莲子黑蒸蛋

蒸蛋加分版——清水换黑豆浆

材料

自制黑豆浆1杯、鸡蛋2个、雪莲子20g

做法

1. 雪莲子加水半杯，一同入锅蒸约30分钟至熟，取出，沥干；鸡蛋打匀。
2. 将黑豆浆和蛋汁拌匀，加入已蒸熟的雪莲子，移入锅中蒸15~20分钟即可。

厨师爸爸的温馨小提醒

- 自制黑豆浆：蒸熟黑豆与水按照1：3比例，一起打匀即可。
- 选购雪莲子以豆身大且饱满，色泽呈淡黄、有坚果果实香味者为佳。保存时放入密封罐中，置于干燥阴凉的通风处，避免阳光照射。也可以放在冰箱冷藏，但要尽早食完。

杏鲍菇蛋

蒸蛋装点版——多一点绿菠汁

材料

杏鲍菇30g、鸡蛋2个、菠菜汁1/2杯

调味料

盐1/4小匙

做法

1. 杏鲍菇切丁，放入已预热的烤箱中，用190℃烘烤至干扁，取出，放入蒸碗中。
2. 将鸡蛋打匀后，加水拌匀，倒入蒸碗中，放入锅中蒸熟即可。
3. 将菠菜汁加热至沸，熄火，加盐调味。
4. 食用时，取1餐量杏鲍菇蛋，淋上调味菠菜汁即可。

厨师爸爸的温馨小提醒

- 锅盖处可放一根筷子控制蒸汽大小。
- 可依宝宝的喜好调整水量来控制口感软硬。

煎山茼蒿蛋

胶质多，钙也多

材料

鸡蛋3个、银耳15g、山茼蒿1小把（约10g）

调味料

盐1/2小匙

做法

1. 将银耳洗净切丁，山茼蒿洗净切碎。
2. 二者一起放入调理碗，加盐调味，并打入蛋液，一起拌匀。
3. 将打散的蛋汁入锅煎成蛋饼，并切块盛盘就可以了。

桂圆
蜜枇杷
桂花
冰糖沙梨

桂圆蜜枇杷

软软甜甜的水果，宝宝吃得好开心

材料

枇杷 3 粒、桂圆肉 1/2 大匙、水 1 杯、红糖 1/2 大匙

做法

1. 枇杷撕除外皮，并顺着中心用刀划一圈，对半切开，去除籽，只留果肉。
2. 锅中放入枇杷肉、桂圆肉、红糖和水一起蜜煮约 20 分钟至枇杷肉、桂圆肉软透即可。

营养师的
温馨小提醒

- 这道甜品可以促进宝宝的食欲，保护宝宝的视力。

桂花冰糖沙梨

软软甜甜的炖品，保护宝宝的呼吸道

材料

沙梨 1 颗（约 500g）、冰糖 2 大匙、水 2.5 杯、桂花少许

做法

1. 沙梨洗净，削皮，去籽，切片。
2. 将沙梨片、冰糖、桂花放入小煮锅或有盖的汤碗中，加水，盖上盖子，蒸煮 15~20 分钟至熟即可。

厨师爸爸的
温馨小提醒

- 这道水果炖品是传承许久的家常食疗方，可以保护宝宝的呼吸道，尤其在气候偏干燥的秋冬时节，有润肺止咳的作用。不过，若宝宝喉内有痰，就不宜吃这道炖品。
- 先喂宝宝吃果肉，剩下的汤汁加水稀释后，再喂给宝宝吃。

最爱
水果餐

椰香果泥

南洋风味的水果泥

材料

菠萝释迦（又称凤梨释迦或蜜释迦）1个（约300g）、椰奶2大匙、黑糖1大匙、水1/4杯

做法

1. 菠萝释迦洗净，削去外皮，切小块（约剩160g），放入果汁机加水打成浓稠泥糊状。
2. 椰奶和黑糖放入小煮锅中加热至温热，让黑糖慢慢溶解。
3. 离火，再加入菠萝释迦果泥拌匀即可。

厨师爸爸的温馨小提醒

- 因菠萝释迦肉质较软，所以搅打时不必打到全泥糊状，可保留少许碎颗粒锻炼宝宝舌头的压挤能力。

哈密瓜奶昔

全家大小一起享用的微冰甜品

材料

哈密瓜1/4个（约250g）、配方奶半杯（约35g）

做法

1. 哈密瓜去籽，削皮，切小块，放入果汁机中。
2. 加入配方奶，打成浓稠的泥糊状即可。

厨师爸爸的温馨小提醒

- 哈密瓜可用各种水分含量较高的水果取代。
- 这道水果料理适合全家大小一起享用。
- 12个月以上的宝宝可在配方奶中加适量糖或奶油。

草莓奶汁

酸酸甜甜的水果甜品

材料

草莓100g、炼乳1大匙、水1/4杯

做法

1. 草莓洗净，去蒂。
2. 将草莓、炼乳和水一起用果汁机打匀即可。

厨师爸爸的温馨小提醒

- 草莓带点酸味，加炼乳一起打汁，宝宝更容易接受。也可将炼乳替换为冲泡好的配方奶，一样美味。

菠菜
小馒头饼干
自制手工烤
小馒头饼干

自制手工烤小馒头饼干

纯天然自制的小点心，宝宝爱吃，爸妈安心

材料

土豆淀粉 120g、全蛋 1 个、砂糖 25g、配方奶粉 15g

做法

1. 取一钢盆，先放入蛋和砂糖打均匀，再加入土豆淀粉及配方奶粉揉成团。
2. 取出蛋奶团，搓成长条，分切成小块。
3. 移入预热的烤箱，以 150℃烤约 15 分钟至小馒头金黄香酥。

厨师爸爸的温馨小提醒

- 感觉此点心很熟悉，好像旺仔小馒头？一点都没错，小馒头也可以在家自己做，不用添加更多食材，就能做出宝宝爱吃的点心。

菠菜小馒头饼干

点心加入天然蔬果，美味又营养

材料

土豆淀粉 130g、全蛋 1 个、砂糖 25g、奶粉 15g、菠菜泥 1 大匙

做法

1. 取一钢盆，先放入蛋和砂糖打均匀，再加入土豆淀粉、奶粉和菠菜泥揉成团。
2. 取出菠菜蛋奶团，搓成长条，分切成小块，再搓成小圆球。
3. 移入预热的烤箱，以 150℃烤约 15 分钟至小馒头金黄香酥。

营养师的温馨小提醒

- 这道点心是原味小馒头的加料版，除了可添加菠菜汁外，之前制作的各式蔬菜泥都可以拿来制作。

吐司卷
法式
馒头条

吐司卷

抓着吃的美味小点心

材料

紫薯泥1杯、吐司2片

做法

1. 吐司片放入塑胶袋中，压扁。
2. 将紫薯泥搓长条状，放在吐司片上，并卷成竹筒状。
3. 将卷好的红薯吐司卷入锅干煎至表层金黄香酥即可。

厨师爸爸的温馨小提醒

- 可做多一点，分装好冷冻，食用时取出，以小火慢煎加热即可。
- 紫红薯泥可以用各种薯泥、芋泥、土豆泥来代替。

法式馒头条

奶香、蛋香、芝麻香，宝宝小嘴停不了

材料

馒头2个、鸡蛋1个、配方奶1/2杯、糖1大匙、黑芝麻粉1小匙、奶油少许

做法

1. 馒头切成条状；将鸡蛋、配方奶、糖和黑芝麻粉打匀，放入馒头条浸泡5秒后立即取出。
2. 不粘锅烧热，放入奶油及馒头条，煎酥表面即可盛出。

厨师爸爸的温馨小提醒

- 馒头切成条状，方便宝宝抓握与咬食。运用法式吐司的料理手法，将吐司换成馒头，口感与风味有所不同。爸爸妈妈们可以将这两款互相变换，让宝宝熟悉不同的滋味与口感。

应用篇

之四

培养正确饮食的关键期

——1~2 岁宝宝这样吃最营养

宝宝满周岁了！从这时候开始，辅食其实已经不能再称为辅食了，因为宝宝的进食量和 10~12 个月时期比较起来已经增加了 2 倍。

从 1 岁开始，宝宝的吃饭时间应和家人的用餐时间一样，这样才能培养宝宝按时吃正餐的习惯。因为宝宝的胃容量仍然小，正餐进食的量不多，所以要搭配点心来补充；宝宝的乳牙仍在生长，应避免过硬、不易咀嚼以及难消化的食物，如高纤维的笋类、牛蒡等。

这个时期的宝宝活动量大，往往会因为玩乐而延误用餐，或因点心补充不当而导致正餐摄取量减少，所以爸爸妈妈一定要注意在这个阶段培养宝宝正确的饮食习惯。

1~2 岁宝宝的生理成长概况如何？对辅食有什么样的需求

宝宝的成长概况

前齿长齐了，后齿也开始长了！只不过许多宝宝仍习惯奶瓶的安抚，从而导致了常见的“奶瓶性龋齿”，因此戒掉吸奶瓶的习惯对于初长的乳牙保健很重要。而且长时期使用奶瓶会影响宝宝的发育，也会影响咀嚼能力。

双手可以更稳地抓拿杯子。爸爸妈妈可以通过让宝宝用餐时使用专用的杯子，让宝宝习惯餐具使用，也可以将宝宝喜爱的液态辅食盛于杯中，吸引宝宝的兴趣，一来渐渐戒掉使用奶瓶的习惯，二来训练宝宝的手眼协调能力和认知力，并且强化动作的发育。

宝宝的辅食需要更多营养素与热量

这个阶段的宝宝所需的营养素与热量相对增加，由婴儿期营养转为幼儿期营养。幼儿期的宝宝不同于婴儿期，宝宝的生长速度明显减缓，但骨骼、牙齿、肌肉的发展以及身体的生长发育却处于旺盛期，虽然体重增加趋缓，但身高却出现了非常明显的增长。这个时期宝宝最需要的营养素是蛋白质、钙、铁和维生素 A 等，每天热量需求平均为 1250kcal、蛋白质 20g。而且要以均衡饮食为主，摄取六大类食物，搭配不同颜色的食材与风味，增加宝宝对食物的兴趣。

宝宝的辅食不能太硬或颗粒太大

料理上，依然要避免刺激性和重口味的食物，而且每次在料理辅食时，都要将食材的大小粗细和软硬调整到能让前齿咬取的程度，让宝宝能用牙龈或里面的牙齿咬碎食物。虽然这时期的宝宝和大人的吃法几乎相同了，但是因为咀嚼力还很小，不擅长根据不同食物调整咀嚼方法，所以食物不能太硬或是颗粒过大，如毛豆、葡萄、樱桃、花生、核桃等，不可直接给宝宝食用，以免噎到。

爸妈第25问

1~2岁宝宝辅食的喂食分量与时间应如何安排?

这个阶段宝宝的主食从奶类转为一般食物，每日除了保持三餐主食的摄取之外，仍要维持奶类的摄取，以提供充足的钙和优质蛋白质。

1~2岁宝宝一日喂食分量与时间表

六大类食物提供营养素	全谷类 糖类、B族维生素	豆蛋类 优良蛋白质、维生素	蔬菜类 维生素、矿物质、膳食纤维	水果类 维生素、矿物质、膳食纤维	油脂类 必需脂肪酸	奶类 糖类、蛋白质、水分
辅食质地	软质，避免过粗纤维及难消化的食物					
食物选择	米饭 淀粉根茎类：红薯、土豆、南瓜	蒸熟全蛋 豆制品：豆腐、油豆皮、豆浆	深绿色蔬菜、深黄红色蔬菜	香蕉、猕猴桃、苹果、葡萄等	橄榄油、亚麻子油、玄米油	母乳或配方奶
一日建议喂食量	**分量** 约1.5碗	**分量** 约2份	**分量** 1份（约100g）	**分量** 1份（个）	**分量** 1汤匙	**分量** 2份（每次240ml）

1~2岁宝宝菜单范例		
	早餐 07：00	吐司1片，搭配芝士
	早点 10：00	豆浆或乳品1杯
	午餐 12：00	油豆皮茶树菇盖饭1碗+苹果
	午点 15：00	玉米浓汤
	晚餐 18：00	丝瓜蛋花面线+木瓜丁
	晚点 21：00	奶酪1个

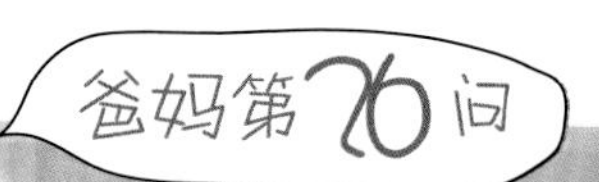

1~2岁宝宝的辅食应如何料理

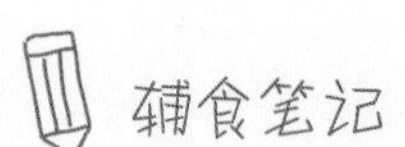

- 这时候的辅食以宝宝能用牙床咬含且易糊碎的小颗粒状为宜。
- 可以开始吃软质的饭和剪成小段的面条。
- 蔬菜洗净后，以小段、小丁或是碎片形态煮熟后再给宝宝吃。
- 这个阶段的蔬菜泥、果泥依然可以加入到其他辅食中，在做某道辅食时，若使用量太少，可以一次多做一些，再分装存放，这样就可以用蔬菜泥或果泥来为宝宝做口味上的变化。
- 除了果汁和果泥之外，软质水果可以切成小丁给宝宝食用。
- 可以酌加调味，但依然要避免刺激性和重口味的食物。

厨师爸爸的
温馨小提醒

同时料理、一起享用

在这个阶段的料理，可以亲子一同享用，每道料理完成后，只要取出宝宝所食用的量，剩下来的分量，家人也可以一起吃。

自制美味酱料凉拌、淋、抹或入菜，好吃又好用

此时的辅食口味仍以原味为优选，爸爸妈妈也可以自制一些美味酱汁，应用在凉拌、淋酱、抹酱，甚至是入菜料理，都相当实用且安心。

糙米酱 / 素甜味酱

材料

糙米饭1杯、糖2大匙、无糖豆浆1/4杯、花生酱1大匙

做法

所有材料放入果汁机中一同搅打均匀即可。

香椿酱 / 素咸味酱

材料

香椿150g、油1匙、盐1小匙、姜末1大匙

做法

1. 香椿摘取叶片，去梗，洗净，入锅氽烫后，冲凉，沥干。
2. 将所有材料用果汁机搅打均匀即可。

香菇酱 / 素中式咸味酱

材料

干香菇3朵、姜末1大匙、油2大匙

调味料

素烤肉酱3大匙、素沙茶酱1大匙、水1/4杯、番茄酱1大匙、黑胡椒粒少许、意大利综合香料2小匙

做法

1. 干香菇用水泡软，剪去蒂头，对半切后再搅打成碎粒状。
2. 锅烧热倒油，先炒香姜末及香菇碎，再加入调味料，煮开后转小火继续焖煮约5分钟即可。

豆干甜面酱 / 素中式咸味酱

材料

豆干6片（约180g）、甜面酱2大匙、糖1大匙、香油2小匙、番茄酱1大匙、水1/2杯

做法

1. 豆干洗净，切小丁。
2. 锅烧热，倒入香油，再将甜面酱及糖入锅，用小火炒出香味。
3. 将水倒入锅中，再倒入番茄酱，拌匀、煮开后，加入豆干丁，以小火煮3分钟即可。

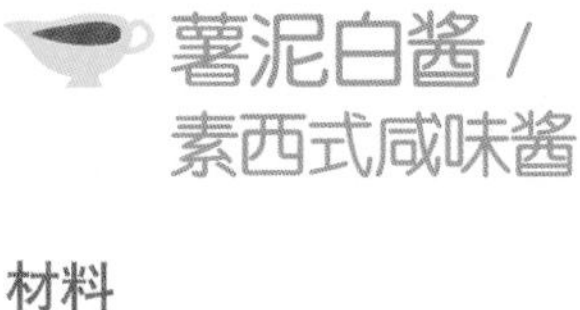

薯泥白酱 / 素西式咸味酱

材料

土豆泥半杯（约 80g）、山药半杯（约 70g）、配方奶（或鲜奶）1/4 杯、盐 1/2 小匙

做法

1. 山药切片，入锅蒸 10 分钟至熟。
2. 所有材料放入果汁机中搅打均匀即可。

芝士酱 / 素西式咸味酱

材料

芝士片 3 片（约 60g）、香草冰激凌 1 杯（约 60g）

做法

1. 芝士片撕小片状。
2. 将所有材料放入锅中，以中小火加热至芝士片融化。

坚果酱 / 素西式咸味酱

材料

杏仁 1 杯（约 90g）、花生 1/2 杯、酱油 1/4 小匙、玄米油 1/2 杯

做法

1. 烤箱先预热至 160℃，放入杏仁，烤 10~12 分钟取出。
2. 接着放花生，烤 15~20 分钟，取出，去皮。
3. 将所有材料用搅拌机一同搅打成泥糊状即可。

蔓越莓多多酱 / 水果酱

材料

蔓越莓1杯、养乐多1/4杯（约半瓶）、炼乳1大匙

做法

所有材料一起搅打均匀即可。

葡萄果酱 / 水果酱

材料

葡萄500g

做法

1. 葡萄洗净、沥干，带皮放入锅中，不加水，盖上锅盖，以小火干烘约10分钟。
2. 打开锅盖，用汤匙将果肉、果汁挤压出来，再加盖，小火煮10分钟，熄火。
3. 待凉后，倒入果汁机中搅打成泥糊即可。

季节果泥酱 / 水果酱

材料

苹果1个（约150g）、猕猴桃2个、菠萝1块（约150g）、白砂糖2大匙

做法

1. 将材料中的水果分别去皮，且各将其2/3切块，其余的1/3切小丁。
2. 将切好的水果块用搅拌机搅打成碎糊状。
3. 锅中放入水果糊及水果丁，并加入糖一同熬煮约5分钟，使其呈浓稠状即可。

蔬菜松饼

可以当主食，也可以当小点心

材料

鸡蛋1个、糖15g、牛奶25g、奶油15g、低筋面粉60g、泡打粉1/4小匙、菠菜泥1大匙

做法

1. 先将鸡蛋、糖、牛奶、奶油、菠菜泥打匀，再加入过筛的面粉及泡打粉，拌匀成面糊。
2. 取出不粘锅，烧热后，倒入适量面糊，煎至两面金黄即可。
3. 食用时既可直接吃原味的，也可淋上枫糖。

厨师爸爸的温馨小提醒

- 面糊拌好后，密封好，放入冰箱冷藏1晚，这样能让面糊里的所有成分完全融合，第2日取出静置回温后，再入锅煎成松饼，吃起来会更绵密。
- 蔬菜泥可以替换为南瓜泥、卷心菜泥、胡萝卜泥等。

主食料理

南瓜焗烤贝壳面

更天然、更营养、更好吃的意式焗烤面

材料

贝壳意大利面 1 杯、南瓜泥 1/4 杯、土豆泥 1/2 杯、芝士粉少许

做法

1. 先将南瓜泥和土豆泥拌匀。
2. 煮一锅水，沸腾后倒入贝壳意大利面，煮至熟软，捞起，沥干。
3. 取 2/3 的南瓜土豆泥拌入已煮熟的贝壳面中，拌匀后盛入烤皿中。
4. 将剩下 1/3 的南瓜土豆泥抹在贝壳面的表面，并撒上芝士粉。
5. 放入已预热的烤箱中，以 190℃烤 8~10 分钟，使其表层酥黄即可。

厨师爸爸的温馨小提醒

- 用南瓜泥、土豆泥取代传统白酱做的焗烤面，更天然也更营养，适合宝宝吃，也适合全家共享。
- 贝壳面可以用各种迷你的意大利造型面、米面来代替，煮熟后的面不会太大，方便宝宝咀嚼吞咽。

燕麦馄饨

以谷物为内馅，馄饨变得更美味

材料

燕麦片 1/2 杯、油豆皮丁 1/4 杯、米饭 1/4 杯、馄饨皮 12 张

调味料

酱油 1 大匙、香油 1/2 小匙、白醋 1 小匙

做法

1. 先将燕麦片、油豆皮丁、米饭拌匀成馅料。
2. 取一张馄饨皮，放入适量的馅料，包裹成馄饨状或云吞状，置于平盘中。重复以上步骤，将馄饨一一包好。
3. 将包好的馄饨放入沸水锅中，煮至熟，捞起，放入深盘中。
4. 将调味料拌匀成酱汁，取适量淋在馄饨上，拌匀即可。

营养师的温馨小提醒

- 以燕麦片、米饭取代惯用的蔬菜拌成内馅，口感更好。
- 燕麦所含的蛋白质是白米的 1 倍多，也比面粉高 3%~4%。此外，燕麦还富含脂肪酸、维生素、矿物质，其维生素 A 的含量更是谷类之首，同时燕麦也是良好的纤维素来源。

油豆皮茶
树菇盖饭
甜菜
蔬菜

油豆皮茶树菇盖饭

鲜嫩又软糯的日式风味盖饭

材料

油豆皮 30g、茶树菇 10g、姜末 1 小匙、鸡蛋 1 个、米饭 1 碗、海带高汤 3/4 杯（做法请参见第 77 页）

调味料　黑胡椒粒 1/2 小匙、酱油 2 小匙、糖 1/2 小匙

做法

1. 油豆皮切丝；茶树菇水中泡软，沥干，切小段。
2. 锅烧热，加油 1 大匙，先放入姜末及茶树菇炒香，再下油豆皮丝和调味料继续炒出香味。
3. 倒入海带高汤，煮至滚沸后，均匀地淋上蛋汁，见蛋汁呈半凝固时，熄火，盖上锅盖约5分钟，稍凉后，倒在米饭上即可。

厨师爸爸的温馨小提醒

- 淋上蛋汁后，利用锅的高热，让蛋汁自然熟成蛋花，口感更鲜嫩。

甜菜蔬菜饭

富含维生素 B_{12} 的美味菜饭

材料

红甜菜 1/4 颗、毛豆 1 大匙、卷心菜丁 10g、蘑菇丁 10g、胡萝卜丁 10g、米饭 1 碗

调味料　盐 1/4 小匙

做法

1. 红甜菜去皮，切块（约 1/2 杯），放入锅中蒸约 15 分钟至熟，取出，待凉后，用搅拌机打成带小颗粒的糊状。
2. 将红甜菜糊与毛豆、卷心菜丁、蘑菇丁、胡萝卜丁、米饭、盐一同拌匀，移入锅中蒸约 10 分钟，取出拌匀即可食用。

香菇酱
意大利面
豆皮香菇
粉丝

主食料理

豆皮香菇粉丝

2 餐量

香香软软好咀嚼，素炒粉丝滋味多

材料　三角豆皮 30g（常被用来制作寿司）、香菇 1 朵、胡萝卜丝 10g、豆芽 10g、姜片 10g、粉丝 1/2 把、素高汤 1/2 杯、橄榄油 1/2 大匙

调味料　糖 1/2 小匙、酱油 1 大匙

做法

1. 豆皮切丝；香菇泡软，切丝；粉丝泡软，切小段；豆芽洗净。
2. 锅中倒入橄榄油，烧至温热后放入姜片炒香，再放入香菇、胡萝卜丝和豆皮丝炒至出香味。
3. 将已泡软且切成小段的粉丝和豆芽放入锅中，再倒入素高汤及调味料，慢慢炒至汤汁收干即可。

厨师爸爸的温馨小提醒

- 选购粉丝要留意成分标示，最好选购纯绿豆制成的。料理时提前泡软粉丝，切小段，这样煮熟后宝宝才不会因粉丝滑溜易吞咽而噎到。

主食料理

香菇酱意大利面

1 餐量

有趣的造型面，宝宝吃得好开心

材料

造型意大利面 100g、香菇酱 1/2 杯（做法请参见第 140 页）、彩椒丁 1/4 杯

做法

1. 将造型意大利面入沸水锅中煮至熟软，捞出，沥干。
2. 接着将彩椒丁放入刚刚煮面的水锅中汆烫一下，捞出，沥干。
3. 炒锅中倒入香菇酱，以小火慢慢炒香后，再加入煮熟的造型意大利面及汆烫过的彩椒丁，若觉得太干，可加入适量水。将炒锅内所有材料都拌炒均匀，即可熄火起锅。

白桃荞麦
凉面
果泥
吐司盒

白桃荞麦凉面

1 餐量

香香的水果酱汁+弹性十足的冷面条，宝宝很爱哟

材料

荞麦面条 100g

酱汁料 白桃块 1 杯、酱油 1.5 大匙、糖 1 大匙、冷开水 1/4 杯

做法

1. 将荞麦面条煮至熟软，捞出，用冷开水冲凉后沥干，切小段。
2. 取出果汁机，放入白桃、酱油、糖和冷开水一起打匀成酱汁。
3. 将面条盛于碗中，再淋上适量的酱汁即可。

厨师爸爸的温馨小提醒

- 宝宝的嘴巴不耐热，面条煮熟后要用冷开水冲凉，切小段。
- 凉面酱汁加入水果，酱汁会有水果的香味，会大大提升整体的风味，也更有营养。

果泥吐司盒

1 餐量

宝宝手拿刚刚好，好咬、好嚼、好吞食

材料

自制果泥酱 1/2 杯、吐司 4 片

做法

1. 先将吐司的四边硬皮切下。
2. 取一片切好的吐司，抹上果泥酱，再盖上另一片吐司。
3. 用叉子或筷子将做法 2 的吐司的四个边压扁，使之密合，或使用压模压出造型即可。

厨师爸爸的温馨小提醒

- 这道料理方便宝宝拿着吃。只要将家中的水果搅打成泥，再配上吐司就能完成，简单营养又安心。

小麦胚芽大阪烧

护脑、促进生长发育的美味蔬菜煎

材料

Ⓐ低筋面粉 1 杯、素高汤 1/2 杯、鸡蛋 1 个、山药泥 1/4 杯

Ⓑ小麦胚芽 1/4 杯、卷心菜丁 100g、三色蔬菜丁 100g

调味料

素烤肉酱 3 大匙、沙拉酱 3 大匙、海苔粉少许

做法

1. 先将材料Ⓐ拌匀成糊状，再加入材料Ⓑ拌匀。
2. 平底锅抹上少许油，将拌好的蔬菜面糊倒入锅中，以中小火煎，边煎边用铲子将边缘收整成圆形，煎 3~5 分钟使底部定型，翻面，再煎至香酥后，起锅盛盘成为大阪烧。
3. 在煎好的大阪烧上先刷薄薄的烤肉酱，再挤上沙拉酱，最后撒上海苔粉即可。

厨师爸爸的温馨小提醒

- 面糊入锅煎时不要急着翻面，否则容易煎得支离破碎不成形。
- 小麦胚芽又称麦芽粉，是小麦中营养价值最高的部分，富含维生素 E、维生素 B_1、蛋白质、矿物质等营养物质。

营养蔬菜餐

椒盐豆肠

富含维生素 B_{12} 的美味菜饭

材料

豆肠1条（约70g）、海鲜菇40g、香菜末1大匙、彩椒末1小匙，鸡蛋1个、太白粉1/2杯

调味料

盐1/4小匙、白胡椒粉少许、甘草粉少许

做法

1. 豆肠切小段；海鲜菇切除尾端，也切小段。
2. 将鸡蛋和太白粉拌匀成“酥炸糊”，再放入切好的豆肠和海鲜菇拌匀。
3. 锅中加油，放入做法2，用半煎炸的方式煎炸至酥黄，捞出，沥干油，再用厨房纸巾吸一次油。
4. 将吸过油的豆肠与海鲜菇盛于盘上，撒上调味料、香菜末、彩椒末拌匀即可。

厨师爸爸的温馨小提醒

- 椒盐豆肠炸好、捞出、沥干油后，可先放入已预热至100℃的烤箱里烘烤5分钟，这样可再多逼出面衣所吸附的油脂，食用时可蘸各种自制的咸味酱来变换口味。

营养
蔬菜餐
酱烧豆皮
红烧烤麸
腐乳烧
面筋

酱烧豆皮

2 餐量

香浓甘醇的美味配菜

材料 油豆皮140g、生菜70g、水1/2杯

调味料 素沙茶酱1大匙、糖1小匙、酱油2小匙

做法

1. 油豆皮切小块后，放入油锅煎至表面微黄，起锅沥干油，并用厨房纸巾吸干油。
2. 倒出锅中油，放入调味料一同炒香，将水倒入，再将煎炸好的豆皮块倒回锅中，拌匀，一同烧煮约5分钟至入味，熄火。
3. 生菜洗净切小段，汆烫后沥干，放盘中，放上煮好的豆皮块即可。

红烧烤麸

加了健康概念的番茄，传统烤麸更多味

材料 烤麸4块（约110g）、香菇2朵、番茄1颗、小豆苗1把、姜片5g、玄米油1大匙、素高汤3/4杯

调味料 酱油、番茄酱各2大匙、糖2小匙、白胡椒粉少许、香油1小匙

做法

1. 烤麸切小块；香菇泡软，去蒂头，对半切开；番茄洗净切小块。
2. 将烤麸块与香菇入锅，用半煎炸的方式煎至两面酥黄，起锅，沥干油。
3. 另起锅，倒入玄米油，先爆香姜片，再放入调味料及水，拌匀。
4. 将煎炸过的烤麸、香菇也倒入锅中，并加入番茄块，以小火烧煮约3分钟至入味。
5. 小豆苗洗净切小段，入滚水锅中汆烫至熟，捞起沥干，盛入盘中，放上烧煮好的红烧烤麸即可。

腐乳烧面筋

令人怀念的传统“古早”味

材料 油面筋2杯、杏鲍菇片30g、胡萝卜片15g、小黄瓜片20g、姜米1大匙、素高汤1/4杯、玄米油1大匙

调味料 酱豆腐乳1块半、米豆酱1大匙、糖1小匙

做法

1. 油面筋泡水至变软，取出挤干水分。
2. 锅中倒入玄米油，爆香姜米，放入调味料和剩余的材料，一同烧煮3分钟至入味即可。

姜香
猴头菇
百合双耳

姜香猴头菇

香醇味美菇料理，护五脏、助消化

材料

猴头菇 180g（2 杯）、姜片 30g、爆米花少许、罗勒 1 小把、青椒片 5g、水 2 大匙

调味料 酱油 1 大匙、冰糖 1 大匙

做法

1. 猴头菇用盐水浸泡 1 小时后挤干水分，切滚刀块。
2. 罗勒摘取嫩枝与叶片，洗净。
3. 锅中加油烧热，放入猴头菇块及姜片，半煎炸至表面酥黄，起锅，沥干油，再置于干净的厨房纸巾上吸干油。
4. 倒出锅中油，加入调味料及水煮沸，再放入猴头菇、罗勒和青椒片快拌炒几下，盛入盘中，最后撒上爆米花即可。

厨师爸爸的温馨小提醒

- 猴头菇肉嫩、味香、鲜美可口，是中国传统的名贵菜材。鲜菇带有淡淡的苦味，所以料理前一定要先泡盐水去苦味。

百合双耳

口感软滑酥松，易咀嚼的营养配菜

材料

鲜百合 30g、白果 10g、黑木耳 50g、银耳 30g、枸杞子 5g、姜片 10g、玄米油 1 大匙

调味料 盐 1/2 小匙、糖 1/2 小匙、水 2 大匙

做法

1. 将鲜百合分剥成一瓣瓣；黑木耳、银耳分别泡发后撕成片。
2. 百合瓣、木耳片、白果入沸水中氽烫至熟，捞起沥干。
3. 另起锅，倒入玄米油爆香姜片，放入其他材料和调味料炒匀即可。

锡烤双花
沙拉酱
烤白山药

锡烤双花

软硬间有轻微落差，有助于宝宝的咀嚼练习

材料

水煮花生半杯（约 60g）、西蓝花 100g、枸杞子 1 小匙

调味料

盐 1/4 小匙、奶油 1 大匙

做法

1. 将材料和调味料用锡箔纸包裹好。
2. 烤箱先预热至 190℃，再将包有蔬菜的锡箔纸包放入烤箱中，烤 12~15 分钟至熟即可。

厨师爸爸的温馨小提醒

- 西蓝花尽量切取花蕊的部分并尽量切小朵，这样容易烤软，而且宝宝也不会因为硬硬的口感而拒吃。也可以先用水将西蓝花煮熟后再烤，只是这样香味与营养不如直接烤制的充足。

沙拉酱烤白山药

口感酥松有弹性，易咀嚼的营养配菜

材料

山药 200g、味噌 1 大匙、沙拉酱半杯、素香松少许

做法

1. 山药洗净切片，浸泡在热水里约 1 分钟，去除黏汁后冲凉备用。
2. 将沙拉酱、味噌先拌匀，挤在山药片上，再移入已预热的烤箱中，以 180℃烤至变色。
3. 取出烤好的山药片，再撒上素香松即可。

厨师爸爸的温馨小提醒

- 宝宝肠胃还没有那么好，山药要烤熟，所以记得切片时不要切太厚。

魔鬼蛋
丝瓜煎蛋

营养蛋料理

丝瓜煎蛋

2 餐量

维生素C、纤维多，能解热消暑、保护皮肤

材料

去皮丝瓜1/4根、白芝麻1/2小匙、花生粉1小匙、红薯粉3大匙、水2大匙、鸡蛋2个

调味料　盐1/2小匙、白胡椒粉少许

做法

1. 鸡蛋打散；丝瓜切片，与除鸡蛋外的材料和调味料拌匀成糊。
2. 锅烧热，加油少许，倒入丝瓜糊，用半煎炸的方式使其两面酥黄，先盛出，置于干净的厨房纸巾上吸干油。
3. 倒出锅中油，均匀淋上已经打散的蛋汁，再放回丝瓜饼，煎至蛋汁凝固呈金黄后，即可起锅，切小块食用。

厨师爸爸的温馨小提醒

- 丝瓜片不要切太厚，才能快速煎熟透。不熟的丝瓜含有植物黏液及木胶质，会刺激肠胃造成不适。

营养蛋料理

魔鬼蛋

2 餐量

加味加料多变化，水煮蛋大变身

材料

鸡蛋2个、土豆泥3/4杯（约150g）

调味料　盐、意大利综合香料各1/4小匙

做法

1. 鸡蛋煮熟，取出，待凉，剥壳后对半切开，取出蛋黄。
2. 将蛋黄压碎，与土豆泥、调味料拌匀，用挤花袋挤在蛋白上即可。

厨师爸爸的温馨小提醒

- 也可将水煮蛋先卤过，其蛋白部分会更有味。
- 可依个人喜好加入番茄酱或沙拉酱（调味料中的盐就不用再加）。

蓝莓多多
焦糖
香蕉片

最爱水果餐

蓝莓多多

2 餐量

将新鲜水果加入宝宝最爱的发酵乳里

材料

蓝莓1/2杯、养乐多（或其他发酵乳）1杯

做法

将蓝莓与养乐多放入果汁机中，打成浓稠泥糊状即可。

营养师的温馨小提醒

- 养乐多是一种发酵乳，富含多种有机酸、蛋白质、钙、维生素及有益菌。

最爱水果餐

焦糖香蕉片

2 餐量

香甜软绵的加热水果

材料

香蕉1根、白砂糖2大匙、奶油1大匙、配方奶1/4杯

做法

1. 香蕉剥去外皮，切圆片。
2. 取不粘平底锅，放入香蕉圆片，先干煎两面至焦黄，再盛出。
3. 将奶油放入平底锅中，融化后，将锅倾斜至一边，让奶油集中在锅缘，然后在此处加入白砂糖煮至融化。
4. 续煮至白砂糖变成有点上焦糖色，加入配方奶，小火煮约3分钟，使其化开。
5. 将煎好的香蕉片放回锅中，然后轻晃锅，让香蕉均匀蘸裹焦糖酱后起锅，待温度略凉后给宝宝食用。

厨师爸爸的温馨小提醒

- 在制作奶油焦糖汁时，因分量不大，所以在奶油融化后，要将锅倾斜一边，让极少量的奶油集中后，才方便制作。

坚果豆浆
西米冻
桑椹
香橙冻

桑椹香橙冻

软软的水果冻，宝宝超爱

材料

桑椹3粒（约20g）、橙子3个、水1/4杯、寒天粉3g

做法

1. 橙子榨汁；桑椹洗净、切碎。
2. 煮锅中先放入寒天粉和水，拌匀，再倒入橙汁拌匀，开火，一同加热煮沸，最后加入切碎的桑椹，熄火后拌匀。
3. 煮好的桑椹香橙汁温度降至不烫手时，倒入模型中，最后移入冰箱冷藏定型即可。

厨师爸爸的 温馨小提醒

- 桑椹富含苹果酸、多种维生素和铁等，有益于视力、免疫力与血液的循环代谢等。选购时以深紫色且颗粒饱满的为佳。
- 寒天是红藻的萃取物，富含天然的纤维素、钙、铁等。

坚果豆浆西米冻

美味又营养的水晶冻

材料

豆浆1/4杯、核桃仁1/2杯、西米1/2杯（约80g）、糖1大匙

做法

1. 锅中加入5杯水，煮沸，倒入西谷米，继续煮8~12分钟至熟透，倒出，用冷水冲凉后沥干，加糖拌匀。
2. 核桃仁先汆烫、沥干，再放入已预热的烤箱中，以180℃烤7~8分钟至酥香，取出，与豆浆一同倒入搅拌机中打匀。
3. 将西米和核桃豆浆加在一起拌匀后，填入模型中，最后移入冰箱冷藏1个晚上使其定型即可。

厨师爸爸的 温馨小提醒

- 虽然豆浆中的钙含量低于牛奶，但铁和B族维生素含量则高于牛奶。

豆浆紫薯泥
坚果活力豆浆
La visite du
bonheur a vous!

豆浆紫薯泥

营养丰富的紫色薯泥，护眼又有抵抗力

材料

豆浆1/2杯、紫薯1个（约200g）、沙拉酱2大匙

做法

1. 紫薯洗净，放入锅中蒸煮约30分钟至熟软，取出，撕去外皮后，压成碎块状。
2. 将豆浆、熟紫薯块和沙拉酱倒入果汁机中打匀即可。

营养师的温馨小提醒

- 紫薯除了具有普通红薯所富含的膳食纤维外，还有胡萝卜素及多种维生素等营养成分。紫薯中富含天然的抗氧化剂花青素，因此除了能帮助肠胃蠕动，还能保护眼睛，提升抵抗力。

坚果活力豆浆

维持宝宝十足的活力，就是这一杯

材料

黄豆1杯、腰果1/2杯（约60g）、糖1大匙

做法

1. 黄豆提前用水泡好，放入锅中，加水煮熟，取出。
2. 腰果放入已预热的烤箱中，用160℃烤10~12分钟，取出。
3. 当黄豆晾至温热时，倒入果汁机中，再加入腰果、水和糖，一同搅打成泥糊状即可。

厨师爸爸的温馨小提醒

- 先将黄豆煮熟，再和腰果一起打成浆，整粒黄豆都不浪费，也更能吃进黄豆所富含的营养，而且味道更绵密，完全没有渣渣感，又可省去滤渣的过程。

营养的
小点心
焗烤
青豆馒头片
南瓜
小蒸糕
南瓜
子薄饼

焗烤青豆馒头片

中西混搭风，简单又美味的宝宝素披萨

材料

馒头 1 个、青豆土豆泥半杯（做法请参见第 89 页）、芝士片 2 片

做法

1. 馒头切片，芝士片切条。
2. 将青豆土豆泥抹在切好的馒头片上，再铺上芝士条。
3. 烤箱先预热至 180℃，将做法 2 移入烤箱中，烤至芝士条融化、上色，取出，即成宝宝的美味小点心。

南瓜小蒸糕

营养丰富、松绵好入口的小糕点

材料

Ⓐ 蛋黄 20g、糖 6g、牛奶 8g、玄米油 10g、低筋面粉 20g、泡打粉 1g

Ⓑ 蛋白 40g、糖 24g

Ⓒ 南瓜泥 50g

做法

1. 将材料Ⓐ中的蛋黄、糖、牛奶打匀，加入过筛的低筋面粉及泡打粉拌匀，最后加入玄米油拌匀。
2. 将材料Ⓑ中的蛋白分 3 次加糖打至湿性发泡后，再倒入做法 1 的成品中一同拌匀后，倒入蛋糕模型中。
3. 将南瓜泥加入蛋糕糊中，移入锅中蒸 15~20 分钟即可。

厨师爸爸的温馨小提醒

- 吃不完的蒸糕可以先放进冰箱冷冻，之后切片分装，等到下次要吃时，再取出回温，入锅干煎或烤香皆可。

南瓜子薄饼

自制手工小薄饼，营养健康零负担

材料

奶油 20g、糖 40g、蛋白 2 个、高筋面粉 50g、低筋面粉 50g、南瓜子 20g

做法

1. 奶油置于室温变软后，加糖拌匀，再将蛋白分次加入、打匀。
2. 将高筋面粉与低筋面粉一同过筛，加入奶油蛋白糊中，用刮刀拌匀。
3. 烤盘用少许油抹匀，将做法 2 的成品抹成长条状，撒上切碎的南瓜子。
4. 烤箱预热至 160℃，将做法 3 的成品移入烤箱中烤 10~12 分钟即可。

应用篇 之五

宝宝生病时的饮食照护

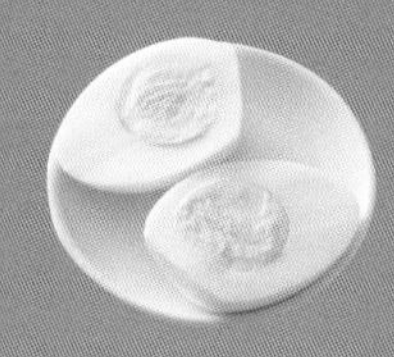

人是吃五谷杂粮长大的，难免生病，宝宝自然也不例外，只是因为宝宝还不会说话，只能用哭来表达自己的不适，所以父母平日在照顾上就要懂得观察宝宝的各种生理反应，以便准确掌握宝宝的健康状况。

宝宝感冒发热了

新生宝宝的抵抗力本来就比较弱，尤其是6个月以后，来自妈妈的抗体逐渐消失，免疫力开始不足，各种病毒容易入侵，因此6个月以后的宝宝感染到季节性流感病毒的概率相对较高。

对于宝宝而言，感冒是最常发生的疾病。通常感冒会有流鼻涕、鼻塞、打喷嚏、咳嗽、呼吸不畅、食欲减少、睡眠不安等不适症状出现，导致宝宝更易哭闹，所以若是宝宝出现流鼻涕、咳嗽、发热或不明原因哭闹等症状时，应小心观察、记录，并尽快带宝宝去看医生，并加强生活和饮食的照护，帮助宝宝早日恢复健康。

宝宝生病时更需要补充营养。

感冒的症状

流鼻涕、鼻塞、打喷嚏、咳嗽、喉咙痛、发热、食欲降低、烦躁不安、无端哭闹、睡眠不安。

宝宝感冒时的生活照护

❶ 多休息

让宝宝好好休息，减少外出。

❷ 保持室内的湿度和温度

宝宝感冒时，大多数人会关注环境的温度，而忽略了足够的湿度。其实，适度的湿气可以有效地缓解宝宝的不适症状，而且在湿度适宜的环境里，病菌的活动力会减弱，传染力会随之减低。父母可以在宝宝的房间内用加湿器或湿毛巾来增加室内的湿度，令空气湿度保持在45%~70%，让宝宝睡眠时的呼吸可以更顺畅。至于室内的温度则应保持在18℃~20℃，过高的室温会引起身体的不适。

❸ 帮宝宝清理鼻子

爸妈们应随时留意宝宝的鼻塞状况，可以用吸鼻器吸出鼻涕，也可以先用温热的毛巾敷鼻子，之后再用棉花棒将鼻涕粘出，帮宝宝缓解不适症状。

宝宝感冒时的饮食照护

❶ 多喝水

宝宝感冒时胃口会受到影响，尤其在感冒严重时，食欲会明显减退，爸爸妈妈见状会心生焦虑，其实一般感冒所引发的食欲减退不会持续太长，虽然可能会让孩子消瘦，但还不至于造成营养不良，不必太担心。

需要引起父母特别注意的反而是感冒过程中的发热、呕吐、腹泻等不适症状，这些症状容易让宝宝失去过多水分，加上进食量减少，甚至会有脱水的危险。所以，年龄越小的婴儿越要注意随时补充水分，充足的水分还可以使鼻腔分泌物更稀薄，缓解感冒带来的不适感。

日常饮食中，除了白开水、母乳、配方奶，爸妈们还可以准备一些果汁、汤类或宝宝喜欢的饮料，帮助补充水分，同时要温柔地鼓励宝宝饮用，若宝宝坚持不喝也不必强迫，勉强会让宝宝哭闹、呕吐，产生反效果。也不必在宝宝入睡后还刻意叫醒他喝水，如此反而干扰宝宝睡眠。

水分的补充是否足够，爸妈们可以通过宝宝小便的次数与量评估——小于 1 岁的婴儿在正常情况下每 1~2 小时应当会排尿一次，1 岁以上的幼儿则大约每 3 小时排尿一次，年龄越大次数越少，若是发觉宝宝的小便量明显减少，颜色转为深浓，或持续呕吐，很可能已脱水，须尽快就医。

❷ 辅食要清淡、富含维生素 C 且易消化

感冒时宝宝的饮食要清淡，提供质地软、易消化的食物以及维生素 C 含量丰富的水果。在制作辅食时可将浓度调稀，温度也不要过冷或过热（比冲泡奶品的温度再低一些）。

❸ 配方奶和辅食要少量多餐

感冒中的宝宝胃口会变差，因此喂食的方法要改变，不论是提供母乳、配方奶还是辅食，都应以少量多餐为原则，并以哄诱取代强迫，以补充宝宝生病时所需的水分和营养。

营养师的
温馨小提醒

宝宝生病吃不下时怎么办

- 宝宝生病是爸妈最担心、最紧张的时候，不同月龄的孩子，生病后摄取营养的方式也不一样。6 个月以下的宝宝建议仍以母乳或配方奶为主，再多补充水分；6 个月以上的宝宝若是已经习惯辅食，可以用粥或高汤，补充宝宝的基本营养需求。

宝宝过敏了

过敏是困扰宝宝的常见问题，也是许多父母特别揪心的问题。造成宝宝过敏的原因到底有哪些呢？

宝宝为什么会过敏

遗传是宝宝过敏的主要原因。父母当中只要有 1 人是过敏体质，宝宝过敏的概率就高达 1/3，若父母两人都是过敏体质，则大部分的宝宝都会遗传到这种体质。

过敏体质的宝宝在出生后 6 个月内，受到环境中致敏因素的诱发，就会在体内形成过敏性的免疫防御机制，而环境中的变应原（过敏原）若没有改善或降低，就会诱发宝宝出现过敏症状。

诱发过敏的变应原有哪些

❶ 食物性变应原

经由消化道进入体内造成过敏，如鸡蛋、花生或牛奶。

❷ 环境接触与吸入性变应原

存在空气或环境中，借由呼吸道或皮肤接触而产生过敏，如尘螨、动物毛皮、霉菌、化学用品以及花粉等。

❸ 药物性变应原

因为口服药物或注射引起身体过敏反应。

过敏症状有哪些

❶ 气喘

慢性咳嗽、呼吸困难、胸闷和哮喘等都是主要症状。

❷ 变应性皮肤炎

身体各处出现红色小丘疹。

❸ 变应性鼻炎

早晨不断流鼻涕、打喷嚏、鼻塞、揉眼睛，最明显的就是有黑眼圈。

❹ 变应性结膜炎

出现眼睛红、痒和灼热感等症状。

❺ 变应性肠胃炎

因为食物导致的过敏，主要表现为恶心、呕吐、腹痛和腹泻等症状。

过敏宝宝的生活照护

❶ 找出变应原

若宝宝出现过敏现象，父母应积极寻找变应原，并避免与变应原接触。

❷ 环境不要太潮湿

避免环境过于潮湿，湿度维持在50%~60%，空气太潮湿容易导致霉菌滋生，可开除湿机控制湿度。

❸ 留意家中落尘

应定时清洁居家环境，减少家中落尘量。

❹ 留意空气品质

维持居家环境空气品质，空调的滤网要定期清洗。

❺ 寝具要干净防尘

寝具使用防尘套，或时常更换清洗。（每1~2周将寝具浸泡20~30分钟的热水后，再以一般方式洗涤）

❻ 添加空气清净机

家中有二手烟或粉尘较多时，可使用空气净化器。

❼ 让宝宝由内而外都能平和愉快

生活规律、饮食均衡、保持心情愉悦能提高宝宝免疫力，增强体质，减少过敏的发生。

过敏宝宝的饮食照护

❶ 最好以母乳喂养，4个月大开始提供辅食

从出生开始，母乳就是宝宝预防过敏的最佳食物了，宝宝成长至4~6个月大，仍应开始提供辅食，最晚也不宜晚过7个月。

❷ 若用配方奶喂养应选用特殊配方

由于宝宝的肠道渗透性较高，本身又无法分泌免疫球蛋白，食物中的变应原就很容易经由肠道进入体内，所以可以改喝水解蛋白婴儿奶粉。另外在辅食添加上，6个月后每周逐步增加一样新食物，建议从米粉、米粥等米制品开始。

❸ 避免让宝宝食用易引发过敏的食物

巧克力、花生、豆类和芥菜等容易诱发过敏的食物，婴幼儿阶段应尽量避免。

❹ 多补充抗氧化食物

多吃富含维生素C的食物，并且适当补充微量元素、不饱和脂肪酸，这些都能有效减少过敏的发生。宝宝还要少吃寒性和生冷的食物。

❺ 减少食用人工合成食物

选购宝宝食物时以原色的天然食材为首选，若有外包装，要留意标示，避免选购加有化学添加物或人工色素的食材。

宝宝拉肚子了

宝宝成长过程中，或多或少都会发生腹泻的症状，要知道宝宝怎么会拉肚子，首先应了解腹泻的定义，要知道我们常说的“拉肚子”并不是单指解稀便、解水便而已，当然更不可轻易就与肠炎画上等号。

如何判定宝宝是否拉肚子

所谓腹泻，必须是和宝宝原本相当固定的粪便形式、排便次数来做比较，如粪便所含水分增多，且带有黏液或颜色有所改变，排便次数也较平常增加。

喂母乳或配方奶的小宝宝，粪便往往呈稀水状而且带点酸味，颜色大多呈现漂亮的黄色，每日大便3~5次。只要宝宝能吃、能玩、能睡，脸色红润、表情正常，体重又能稳定增加，那么这样的大便对这个宝宝而言就是正常的，不算腹泻。

宝宝为什么会拉肚子

引起婴幼儿腹泻的原因很多，其中急性腹泻多数属于急性肠炎，也有不少是受病毒或细菌感染而引发。每年的6~9月及10月至次年1月是宝宝腹泻的多发期。夏季腹泻通常是由细菌感染所致，多为黏液便，具有腥臭味；秋季腹泻多由轮状病毒引起，以稀水样或稀糊便多见，但无腥臭味。

因细菌或病毒所引发的肠炎大部分是经口进入，但有些病毒感染如细支气管炎等也会并发腹泻。此外，6~11个月的婴幼儿正处于长牙期，喜欢乱咬东西或伸手入口，往往会在不知不觉中吃到细菌或病毒感染的物品，加之胃肠免疫系统较差，所以容易患上肠炎而致腹泻。

宝宝拉肚子时的生活照护

❶ 要更细心呵护“小屁屁”

因为宝宝的肛门不断被刺激而红肿发炎，因此每次排便后要用温水清洗屁股，也要勤换尿布，以免造成尿路或膀胱发炎等。

❷ 要注意饮食卫生安全

妈妈的双手要保持清洁，宝宝的餐具、水杯、奶瓶和奶嘴要每日消毒。食物要新鲜干净，以免病从口入。

宝宝拉肚子时的饮食照护

❶ 补充适量水分

宝宝拉肚子时应补充适量的水分。若是喝母乳的宝宝应继续喂养，若是以配方奶为主，建议将奶粉的浓度减半。大一点的宝宝，轻微的腹泻可以补充适量的白开水、蔬菜清汤及素高汤，或是在稀米汤中加入少许盐当作营养的补充。若是宝宝腹泻情况严重，应尽快送医。

❷ 补充电解质

超市里的运动饮料都可使用，但因其含糖成分及渗透压都太高，较小幼儿使用时，可给予对半加水；或者选用医疗专用的口服电解质溶液，其成分比较合乎生理需求，也可以作为处理腹泻的好帮手。

❸ 调整饮食状况

先禁食一餐，让宝宝的肠胃得到休息，之后用半奶喂食，所谓半奶就是全奶一半的浓度；少量多餐，每日至少进食 6 次；已经吃辅食的宝宝尽量喂食稀米粥、新鲜果汁或果泥，暂时减少高纤蔬果的喂食，即使腹泻症状缓解了，也不可立刻恢复之前的饮食，要渐进式地慢慢调整回来。

稀米汤加少许盐可当作营养补充。

营养师的
温馨小提醒

新生儿的便便有点水

- 新生儿由于消化功能还没有十分成熟，尤其对于脂肪及乳糖的消化能力尚差，因此不管喂食何种奶水，宝宝的粪便几乎都是糊糊水水的，一直要到数周之后，粪便才会逐渐成形。

宝宝便秘了

便秘是婴幼儿常见的症状，因为宝宝以奶类为主食，纤维素摄取较少，有时水分补充不足，在换奶或开始摄取辅食时，容易导致排便次数减少，粪便较硬，而且出现排便困难的现象。

宝宝便秘通常可分为功能性便秘和先天性肠道畸形的便秘，前者通过调理可以改善，后者就必须经由外科手术治疗了。

便秘会让孩子很不舒服。

如何判定宝宝是否便秘

一般而言，当解便时必须要用很大的力气，感觉肛门口的粪便硬得像石头，或是好几天没有解便，这种情况就属于便秘了。

然而婴幼儿的肠胃尚未发育成熟，即使排便不顺也无法用言语表达，爸妈要如何才能确定宝宝是否便秘呢？可以对照宝宝出生后的排便习惯，再从宝宝排便的次数、软硬度和颜色来判别是否便秘，这是最好也最简单的方法。如果发现宝宝大便的次数比平时少、颜色变深，或是从糊状变得形状较完整，甚至变得较粗、较硬，都可能是便秘了。

此外若是出现以下状况，也是宝宝便秘的症兆，应求助于专业医生。

- 每日排便少于 1 次，且粪便干硬如石头状。
- 排便时脸会涨红，脚会缩向腹部，甚至粪便表面出现血丝。
- 腹部有胀气，感觉不适。

膳食纤维可改善宝宝的便秘症状。

宝宝便秘时的照护

❶ 便秘时的生活照护：养成宝宝定时排便的习惯

让尚在襁褓中的宝宝养成排便的习惯，对爸妈来说可能会觉得是天方夜谭，其实只要用点心，在宝宝成长到 3~4 个月时就可以开始诱导宝宝养成定时排便的好习惯。

首先在宝宝还不会坐的时候，可以观察他的排便习惯，在即将排便时，爸妈可以沿顺时钟方向按摩宝宝的肚子，引导他发出“嗯——嗯——”的声音，帮助宝宝肚子用力，久而久之宝宝会知道这个时间和这个动作，就是该大便了。

到了宝宝 9~10 个月大，大便开始变得比较硬，需要放松外括约肌才能解便，大便时可能会遇到一些困难，爸妈可以在自己如厕时，让宝宝在旁边坐小马桶，让他慢慢习惯坐着排便。或是在宝宝差不多要大便时，让他包着尿布，抱着他就像他正坐在马桶上大便一样做屈膝的动作，这种姿势下肛门括约肌比较容易放松，慢慢地，宝宝就知道做这个动作就是要便便了。

❷ 便秘时的饮食照护：多补充水分和膳食纤维

若是以奶类为主食的宝宝有便秘的现象，则应减少奶量或稀释奶量，并且要大量补充水分和蔬果汁。

若是开始以固体食物为主食的宝宝，除了要多补充水分，也要提供丰富的膳食纤维，尤其是香蕉、红薯、苹果等等。此外，酸奶也有助于缓解便秘。

固定时间排便也可以改善便秘。

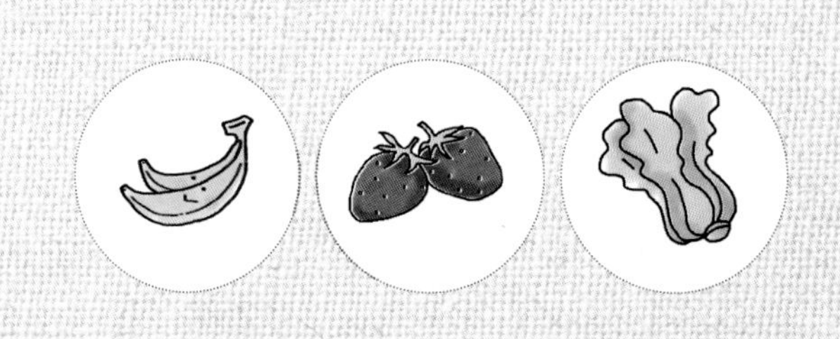